담장 속의 과학

과학자의 눈으로 본
한국인의 의식주

이재열

담장 속의 과학

책머리에
담장 속의 과학을 찾아서

누구나 한자리에 앉아 무엇인가 곰곰이 생각해 보거나 찬찬히 주위를 둘러보며 생각을 정리하면 여러 가지 재미나는 사실을 느낄 수 있다. 이를테면 우리 조상들의 삶 속에는 과학이 숨어 있다는 것도 그 가운데 하나이다. 우리 조상들은 굳이 생태학이라는 과학 분야의 지식을 몰랐어도 생활 속에서 자연의 변화를 조화롭게 이용할 줄 알았고, 눈에 보이지 않는 미생물의 힘을 자연의 이치로 받아들여 사용할 줄도 알았다. 우리 또한 조상들의 그러한 생활 방식을 과학이라는 근대적인 학문의 이름으로 일일이 설명하지는 않았다. 그렇지만 우리가 과학과 기술의 발전에 힘입어 조금씩 변화시킨 지금의 생활 방식을 근거로 이전의 생활 방식에 대해 조금만 더 관심을 갖고 차근차근 따져보면 무엇인가 새로운 사실을 발견할 수가 있을 것이다.

별것 아닌 것처럼 생각되는 것이라 하더라도 전통적인 생활 속에서 드러나는 작은 사실 하나 하나가 허투루 자리 잡은 것이 아니라는 사실을 우리가 조금만 관심을 쏟으면 쉽게 느낄 수가 있다. 어쩌면 그것은

'전통 속에 자리한 생활의 지혜'라고 말할 수 있다. 이제 우리는 그러한 자그마한 과학적인 사실을 전통적인 주택 속에서 하나하나 살펴보고, 그러한 과학적인 사실이 변화된 요즈음 우리가 살고 있는 집안에서는 어떻게 자리를 차지하고 남아 있는지 꼼꼼히 살펴보기로 하자. 비록 하찮아 보이는 옛것이라 하더라도 그 속에서 찾아낸 과학적인 내용은 지금까지 생활의 지혜로 전해 내려와 우리 생활을 더욱 풍요롭게 만들어 주고 있다는 사실을 우리는 깨달아야 한다.

우리 민족은 오랫동안 만주 벌판과 한반도를 무대로 살아오면서 긴 역사를 이루어 왔다. 반만년 역사가 하루아침에 이루어진 것이 아니듯 우리만의 고유한 역사는 하루하루의 삶과 그 기록이 쌓이면서 만들어진 것이다. 이렇게 역사가 시간의 흔적이라고 말할 수 있듯이 오랫동안 이어져 온 생활의 흔적을 또한 문화라 할 수 있다. 그리고 시간의 흐름에 따라 역사가 바뀌듯이 생활을 중심으로 만들어진 문화도 시간에 따라 변화하면서 다듬어지고 발전하기 마련이다.

문화의 발전은 과학 기술의 발전 없이는 이루어지기 어렵다. 그 대표적인 예의 하나로 농사를 짓기 시작하면서 시작된 신석기 혁명을 꼽을 수 있다. 신석기라는 이름으로 불리는 새로운 도구들이 없었다면, 농업과 목축을 기반으로 한 새로운 문명은 탄생할 수 없었을 것이다.

역사적으로 보아 석기 시대 다음으로 청동기 시대, 철기 시대가 이어진다. 사람들이 돌을 깨뜨리거나 다듬어 도구로 이용하다가 구리와 철이라는 금속을 다루어 도구를 만들어 쓰면서 또 다른 시대를 개척한 것이다. 이처럼 시대의 변화는 시간이 지나면서 저절로 찾아온 것이 아니라 그동안 사람들이 부단히 노력하면서 얻어낸 과학 기술의 덕분이라고 해도 그리 틀리지 않다. 이와 같이 새로운 시대가 열리기 위해서는 문화 발전이 필요하고, 이를 위해서는 과학과 기술의 발전이 있어야 한다.

사람들이 철이라는 금속을 다루기 시작하면서 이전보다 더 큰 힘을 발휘할 수 있었다. 물론 개인적인 능력만이 아니라 집단의 힘도 그만큼 커지면서 국가와 사회라는 거대한 조직까지도 갖추게 되었다. 고대 국가의 형성에 철기 생산 기술이 밑거름이 되었다는 사실은 굳이 자세한 설명을 필요로 하지 않는다. 고조선에서 고구려, 백제, 신라, 가야에 이르기까지 거의 모든 고대 국가의 형성 과정에서 이와 같은 사실이 잘 나타나고 있기 때문이다.

과학과 기술의 발전이 문화 발전으로 이어진 것은 너무나 당연한 일이고, 문화 발전의 뒤에는 과학 기술의 발전이 자리한다는 사실은 누구나 알아야 한다. 우리나라에서도 삼국 시대, 고려 시대, 조선 시대를 살펴보더라도 문화 발전에는 항상 과학 기술의 발전이 함께 이루어졌다는 것을 알 수 있다. 가까운 조선 시대만 보더라도 문화가 크게 발전한 세종 때에는 집현전을 중심으로 과학과 기술의 발전이 있었고, 조선의 르네상스로 불리는 영·정조 시대에도 규장각을 중심으로 실학이라는 이름으로 과학과 기술의 발전이 있었다는 사실을 잘 알아야 한다.

요즈음의 우리 생활에서도 다양한 문화의 발전이 있다는 것은 새로운 형태로 과학과 기술이 그만큼 발전했기 때문에 가능한 것이라고 생각해도 좋을 것이다. 새로운 시대를 살아가는 우리는 생활의 발전에 도움을 주는 우리 문화와 더 나아가 우리 과학과 기술의 특징이 어디에 있는지 다시 생각해 봐야 한다. 우리 생활을 이끌고 있는 우리 문화 그리고 이러한 문화의 밑거름이 되는 과학 기술의 특징은 어떤 것인지 살펴보는 것도 바람직한 일이다.

긴 세월 동안 이어져 온 우리 생활 문화의 특징을 한마디로 말하자면 '자연주의'라고 할 수 있다. 우리는 마음에 맞는 가까운 사람들끼리 마음의 눈으로 말하고 또한 느끼는 것처럼 굳이 사랑한다는 말을 하지 않더라도 상대방의 생각과 느낌을 알 수 있다. 우리 생활도 이와 비슷하다. 누구나 관심을 갖고 조금만 자세히 들여다보면 우리 생활이 자연과 함께하고 있다는 사실을 금방 느낄 수 있다. 자연을 거스르지 않고, 자연으로부터 얻어와 다시 되돌려주며, 자연과 하나 되면서 더하거나 덜 하지도 않게 분수를 지키는 생활을 우리는 오래전부터 해 왔다. 이처럼 우리 생활의 특징이라 할 수 있는 '자연주의' 안에서 사람들은 자연과 함께 어울려 순응·순환·동질·적합 등의 여러 가지 노력을 통해 자연과 조화를 이루는 '생활의 지혜'를 만들어 냈다. 아마도 이러한 생활 방식이야말로 요즈음 우리가 지향하는 환경 친화적인 생활 방식과도 서로 통한다고 할 수 있다.

시간이 흐르면서 어쩔 수 없이 변하는 것이 역사이고 문화라고 하지만 그 변화의 정도는 생활의 변화와 함께 할 수밖에 없다. 그리고 생활의 변화는 자연과 사람들이 환경을 어떻게 변화시키느냐에 따라 다르게 나타난다. 우리나라는 사계절이 뚜렷한 온대 지방에 자리하고 있다. 봄·여름·가을·겨울이라는 계절에 따라 기후가 다른 것처럼 기후에 맞추어 자라는 풀과 나무들이 모두 다르다. 또한 풀과 나무의 변화에 맞추어 살아가는 동물의 삶까지도 제각기 다르다. 따라서 우리의 생활 방법도 다를 수밖에 없다.

사람들은 자연 속에서 함께 모여 살아가며 생활에 필요한 모든 재료를 자연으로부터 얻는다. 의식주(衣食住)의 재료를 자연으로부터 얻을 수밖에 없었으므로 자연의 변화, 즉 계절의 변화에 따라 필요한 것을 얻어 이용하는 방법을 찾아내야 했다. 가장 기본적인 먹을거리는 봄부터 가을까지 자라는 식물로부터 얻었고, 식물이 잘 자라지 못하는 겨울에는 저장해 놓은 식량으로 버텼다. 재배 방법을 개선해 수확량을 늘리고, 추운 겨울을 대비해 여러 가지 독특한 저장 방법도 찾아냈다. 필요한 때에는 짐승을 사냥해 고기를 먹었고 가죽은 추위를 막는 옷으로 이용했다. 물론 비바람과 추위를 막을 수 있는 집을 지어 보다 편하고 안락한 생활로 발전시켰다.

자연 속에서 환경에 순응하며 살아간다는 것이 얼마나 힘하고 힘든 일인지 지금 사람들은 좀처럼 상상하기조차 어렵다. 봄이 오고 여름이 지나 가을이 가고 겨울이 다시 온다는 것을 예측하지 않으면 추운 겨울에 살아남기가 쉽지 않았을 것이다. 사람들은 경험을 통해서 계절이 바뀐다는 것을 깨닫고 그에 대비해 살아남기 위한 방법을 찾았을 것이다. 오래전부터 사람들은 하루를 아침과 낮 그리고 저녁 그리고 밤으로 나눠 시간의 흐름을 느꼈다. 그리고 사람들은 이러한 하루하루가 모여 사계절을 이루고 그것이 한 차례 지나고 나면 해가 바뀐다는 시간의 개념을 깨달아 생활에 이용했다.

봄부터 가을까지 부지런히 먹을거리를 마련해 배고픔을 면하고 한편으로 겨울을 대비했고, 일하는 데 지장이 없으면서 추위와 너위로부터 몸을 보호하는 옷을 만들어 입었다. 또 비바람은 물론 추위와 다른 종족의 공격으로부터 식구들을 보호할 수 있는 집을 지어 생활했다. 집 근처에는 가축을 기르는 우리와 푸성귀를 재배하는 텃밭도 마련했다.

물론 농사를 짓고 생활하는 데 필요한 여러 가지 도구들은 자연으로부터 얻을 수 있는 재료를 이용해 만들었다. 이렇게 사람들이 시간의 변화를 깨닫고 자연 속에서 필요한 것을 얻어 이용하는 방법을 찾아내어 모두가 한데 어울려 함께 생활하는 모든 과정이 생활 문화로 이어졌다.

우리 조상들은 수천 년 전부터 한반도에 정착해 농사를 짓기 시작하면서 벼를 재배해 주식으로 삼았다. 하루 세끼 밥을 지어 먹기 위해서는 필요한 만큼의 쌀을 생산하는 것이 무엇보다도 중요했다. 그래서 쌀의 생산량을 높이기 위한 여러 가지 방법을 찾아 이용했다. 우선 벼농사를 위해서는 충분한 물을 확보하는 것이 필요하므로 저수지를 만들어 물을 가두었다가 필요한 때에 논에 댈 수 있도록 했다. 그래서 옛날부터 하늘의 시간과 땅의 물을 잘 다스리는 일이 백성을 위한 길이며 훌륭한 임금으로서 지녀야 할 가장 큰 덕목이라 여겼다.

혼자서 짓는 농사는 힘에 부치므로 여러 사람들이 힘을 합쳐 공동으로 작업하는 경우가 많았다. 더구나 농사는 1년 동안 이어지는 일이기에 시기를 놓쳐서는 안 된다는 것도 알았다. 씨뿌리기에서부터 논 만들기와 모내기는 물론이고, 벼가 쑥쑥 자라도록 풀을 뽑아 주는 김매기, 한참 가물 때에는 강물이나 냇물을 퍼 올려 논에 물을 대는 물대기, 그리고 마지막으로 추수까지 모든 일들이 하나같이 중요한 일이었다. 이러한 일은 매우 힘든 일이었으므로 여러 사람들이 한데 힘을 합쳐 공동 작업으로 해냈다. 이렇게 여러 가지 힘든 일을 여럿이 힘을 합쳐 해결하는 모임을 우리는 '두레'라고 부른다. 농사를 중심으로 하는 우리의 생활 속에서 함께 어울려 일하는 것도 우리 문화의 독특한 특징 가운데 하나이다.

우리가 자연에서 얻은 재료를 얼마나 훌륭하게 생활에 이용하고 있는가에 대한 하나의 좋은 예를 볏짚에서 찾아볼 수 있다. 우리는 농사짓고 난 다음에 얻는 볏짚은 하나라도 버리지 않고 철저히 이용했다. 추수가 끝난 다음에는 마당 한쪽 구석에 볏단을 쌓아 짚가리를 만들어 두었다가 필요한 때에 적당히 이용했다. 우선 몇 년에 한 번씩은 볏짚으로 이엉을 엮어 초가집의 지붕을 이었고, 흙담(토담) 위에도 이엉을 덮어 비에 흙담이 흘러내리지 않도록 했다. 추운 겨울을 대비해 의식주의 준비를 마친 한적한 시간에는 짬을 내어서 볏짚에 물을 뿌리고 추린 다음에 굵기가 다른 여러 종류의 새끼를 꼬아 두었다가 요모조모로 필요한 생활 도구를 만들어 이용했다.

새끼와 볏짚을 이용해 짠 가마니는 곡식을 갈무리하는 훌륭한 도구이다. 볏짚의 틈새로 공기가 드나들 수 있으므로 곡식을 오랫동안 보관하더라도 썩거나 상할 염려가 없었다. 가마니뿐만 아니라 봄부터 겨울까지 살아가는 데 필요한 여러 가지 생활 도구를 볏짚으로 만들어 이용했다. 씨앗을 담아두는 종다래끼, 풀이나 나뭇잎 또는 작은 물건을 담는 망태, 재까지도 퍼 담을 수 있는 삼태기, 암탉이 들어가 달걀을 낳거나 병아리를 까도록 만든 닭둥우리, 마당에 카펫처럼 깔 수 있는 멍석과 작은 크기의 방석은 물론이고 짚신과 도롱이까지 만들어 신발과 옷으로도 이용했다. 그러나 볏짚으로 만든 물건들은 그저 단순히 생활에 필요한 소도구들이 아니었다 생활 속에서 자연스럽게 익혀 만들어 낸 생활 도구에는 예술적인 아름다움까지도 곁들여 있었기에 우리는 생활 속에서 드러나지 않게 멋을 즐길 수 있었다.

생활 도구를 만들고 남은 지푸라기는 아궁이로 들어가 불쏘시개로 이용되든가 아니면 헛간의 두엄더미에 더해져 내년 농사에 필요한 퇴비로 탈바꿈했다. 또 짚단은 추운 겨울날 아궁이에 불을 지펴 밥을 짓거나 방을 데우는 땔감으로도 이용되었다. 타고 남은 재 또한 잿물을 내려 빨래에 이용하거나 두엄더미에 더해 퇴비의 일부로 썼다. 이렇게 하찮아 보이는 볏짚이라 하더라도 어느 것 하나도 허투루 버리지 않고 깨끗이 이용하고 재활용했기에 부족한 살림 속에서도 넉넉하고 여유 있는 생활을 할 수 있었다.

물론 당시의 생활이 자급자족의 경제 체제였기에 모든 것을 알뜰히 모아 활용할 수밖에 없었다고 생각할 수 있다. 그렇지만 그것은 단순한 재활용이 아니고, 또한 어쩔 수 없이 이용한 것도 아니라 스스로 찾아서 끝까지 버리지 않고 철저히 이용한 생활의 지혜로 보는 것이 훨씬 바람직하다. 옛날에 비해서 모든 것이 풍족하고 넉넉하지만 절약을 위한 노력은 예전의 절반에도 미치지 못하는 지금의 우리 생활을 돌이켜 본다면, 자연의 순환 법칙을 오히려 거스르고 있다는 것을 깨달아야 한다.

생활의 지혜는 살림살이에서 이용되는 그저 단순한 하나의 방법이라고 생각하기가 쉽다. 그러나 조금만 꼼꼼히 따져보면 그 안에는 엄청난 과학적 사실이 숨겨져 있다. 그것은 아마도 오래전부터 생활 속에서 체험적으로 느끼고 깨달은 자연의 이치를 살림의 방편으로 이용했기 때문일 것이다. 새로운 과학 이론이나 특별한 기술로 그 이유를 설명하지 않더라도 우리는 경험적으로 생활에 도움이 되는 결과가 무엇인지를 알았던 것이다.

사람들은 누구나 살아가는 동안에 편하고 행복한 생활을 즐기고자 노력한다. 사람들의 생활은 도깨비 방망이로 요술을 부리듯이 어느

날 갑자기 바뀌는 것이 아니다. 사람들의 노력을 통해 지혜가 모이고 이러한 지혜와 경험이 쌓여서 과학과 기술의 발전으로 이어진다. 그리고 더 나아가 과학 기술의 발전에 힘입어 생활 곳곳에서 조금씩 쓰임새가 나아지기 마련이다. 과학 기술의 발전에 따른 생활의 개선은 물질적인 면에서 풍족함을 만들어 주지만, 생활의 풍요가 반드시 정신적인 여유로까지 이어지는 것은 아니다. 많은 사람들은 물질적 풍요를 바탕으로 생활에서 여유를 느낄 때에 비로소 문화의 발전이 이루어졌다고 생각한다.

문화 발전은 이처럼 생활의 풍요에서 비롯되는 것이다. 과학과 기술의 발전을 밑거름으로 이루어진 생활의 풍요로움이 정신적인 여유로까지 이어질 수 있도록 사람들은 어떻게 해서든지 스스로의 생활을 발전시키고자 지금도 노력을 기울이고 있다. 그만큼 사람들의 생활 속에서는 정신적인 부분이 중요한 위치를 차지하고 있기 때문이다. 과학 기술의 발전에 따라 사람들의 생활이 풍족해진다 하더라도 사람들이 느끼는 정신적인 여유가 없을 때에는 무엇인가 허전하고 부족하다고 생각한다. 이제 우리는 과학 기술의 발전에 힘입어 우리의 생활을 개선하고 이 과학 기술을 우리 문화 속으로 녹여 넣어야 하는 시대에 살고 있다. 그때마다 당대의 과학과 기술, 지식과 지혜를 삶과 일상 생활과 우리가 입고 먹고 자던 의식주에 녹여 살았던 우리 조상들의 지혜가 절실해진다.

이 책은 이런 절실함에서 **출발**한 것이다. 근대 이후, 갑삭스러운 개항과 일제 강점기, 그리고 전쟁을 겪어 아직도 서양의 과학 기술을 면데서 온 낯선 손님처럼 데면데면 대하며 경계하고 두려워하고 제대로 이해하지 않으려 하는 우리네 태도와 선입견 따위를 반성해 보자는 것이다. 우리의 삶, 우리의 의식주, 우리네 담장 안에는 원래부터 과학이 있었다. 하도 깊숙이 묻어 둔 탓에 어느새 잊어 버리기는 했어도, 장독 속에서, 부엌 아궁이 속에서, 지붕 아래에서, 윗목에서 푹 익어 가고 있다. 이제 그 향기가, 십수 년 묵은 장의 향기처럼 피어오르고 있다. 담장 속의 과학과 담장 밖의 과학은 다르지 않다. 담장 밖에서 겉도는 서양 과학을 우리네 문 안으로 맞이하고 담장 속에서 익어 가는 전통 과학 지혜를 찾아내 보자. 이제부터 이야기를 시작해 보겠다.

차 례

책머리에 – 담장 속의 과학을 찾아서 …5

住
1부
마음속에
품은 집

옛마을 찾아가는 길 …20

고샅길을 걸으며 …32

나무를 심는 마음 …42

집이 살아 숨쉰다 …50

생각만 해도 좋은 집 …60

나무와 흙과 짚의 어우러짐 …69

사랑스러운 사랑채 …78

난방과 취사가 만나는 온돌 …88

부엌에는 신(神)이 사신다 …97

마당의 원리 …105

안주인의 그림자 …119

화장실에서 보는 세상 …124

정신 건강에 맞는 집을 찾아서 …134

食 2부 우리 몸을 채우는 먹을거리

김치를 맛보며 미생물의 힘을 느끼다 … 148
미생물과의 끝없는 전쟁 … 153
우리 음식의 농익은 맛과 간 … 160
김치의 재발견 … 168
음식의 갈무리 … 177

衣 3부 우리를 감싸안는 옷

빨래에 대한 짧은 고찰 … 192
색깔 있는 옷 … 201
속옷도 기능성이다 … 210
자연으로부터 얻은 옷감 … 217

책을 마치며 … 227
더 읽을거리 … 235
찾아보기 … 238

1부
마음속에 품은 집

자연과 더불어 한결같은 마음으로 살아가는 우리 생활 모습은 자연을 거스르지 않는 자연 그대로의 모습이다. 추사고택의 모습.

옛 마을 찾아가는 길

사람은 누구나 힘들고 괴로울 때에는 어머니를 그리워한다. 어머니를 그리워한다는 것은 어머니의 푸근한 품을 그리워한다는 것이다. 사람들은 어머니를 그리워하는 것처럼 나이가 들어 생활의 여유를 느낄 때면 으레 고향을 그리워하고 찾기 마련이다. 고향은 마치 어머니의 품처럼 푸근하게 보듬어 주는 것 같기 때문이다. 그러기에 많은 사람들이 일하는 동안에 열심히 일했다가도 쉬는 날이면 어김없이 고향의 푸근함을 느낄 수 있는 곳을 찾아 길을 나선다. 굳이 길을 나서지 않더라도 내가 태어난 고향집과 어린 시절에 뛰어 놀았던 마을을 떠올리며 생각의 날개를 펴기도 한다. 이처럼 생각만으로 찾아가는 고향 길은 무엇보다도 달콤하게 느껴지는 꿈길이다.

널따란 들판을 가로지르거나 굽이굽이 꺾어진 산길을 돌아 저 멀리 고향 마을이 보일 때면 누구라도 내딛는 발걸음에는 힘이 솟는다. 졸졸 흐르는 시냇물 한가운데 놓인 징검다리를 훌쩍 뛰어넘어 종종걸음으로 마을 어귀에 가까이 다가가면 어김없이 나타나는 마을숲이 눈앞에 펼쳐진다. 마을숲은 산 속에 자리 잡은 울창한 수풀이 아니더라도 무성한 이파리를 자랑하는 오래된 나무들이 몇 그루가 마을 어귀에 자리하고 있다. 그래서 이곳이 마을의 입구라고 스스로 말해 준다. 이런 마을숲이나 오래된 나무들은 마을을 아늑하게 지켜 줄 뿐만 아니라 마을에 사는 사람들의 마음까지도 포근하게 감싸 준다.

사람들이 모여 사는 마을은 어느 정도 일정한 형태를 갖추고 있다. 특정한 지역이나 지형 또는 경제 활동에 따라 도시는 물론이고 농촌, 어촌 그리고 산촌으로 마을 형태를 크게 구분한다. 마을의 규모가 크거나 작거나 하더라도 마을 나름대로의 독특한 모습은 물론 마을에서 우러나오는 느낌까지 서로 다르다. 어느 마을이고 그 마을이 보여 주는 독특한 모습과 함께 누구나 쉽게 느낄 수 있는 일반적인 모습이 한데 어우러져 있다. 이를테면 어느 마을이고 마을 어귀 또는 동구라고 부르는 입구가 있더라도 그 모습은 또한 마을의 특징을 나타내고 있다는 말이다.

처음 마을을 찾아가는 사람이라도 마을 입구가 어디쯤인지 누구나 금방 찾을 수 있다. 마을 뒤쪽으로 산이 자리하고 있다면 그 앞쪽이 입구라는 것은 누구나 쉽게 알 수 있으며, 평지에 자리한 마을이더라도 당산나무가 서 있거나 마을을 둘러싼 숲이 보인다면 그 언저리가 입구라는 것을 어렵지 않게 확인할 수 있다. 이처럼 서로 다른 모습을 보이는 마을이더라도 조금만 관심을 갖고 들여다본다면 그 마을의 특징이 어떤 것인지 살펴볼 수 있다.

마을 안으로 들어가서도 관심을 갖고 살펴본다면 마을 안에 숨어 있는 여러 가지 재미있는 사실을 확인할 수 있다. 사람들이 살기 위해서 물을 확보하는 일은 무엇보다도 중요하다. 지금처럼 수도가 없던 예전

마을에서는 우물을 식수원으로 이용했다. 그래서 우물을 중심으로 여러 채의 집이 한 무리를 이루었다. 대체로 마을 안 골목길은 한 우물을 나누어 마시는 여러 채의 집이 서로 가깝게 붙어 있는 경우가 많다. 한 우물을 공동으로 나누어 마신다는 것은 피붙이나 살붙이 다음으로 가깝게 지낸다는 말이 된다.

　이웃집과 서로 가까이 지낸다고 살림살이 규모가 같다고 볼 수는 없다. 마을 안에서도 여러 가구가 살다 보면 잘사는 집도 있고 잘살지 못하는 집도 있기 마련이다. 살림살이 규모에 따라서는 집의 크기는 물론 위치까지도 다른 점을 찾아볼 수 있다. 역사가 오래된 마을에서는 살림 규모에 따라 집의 크기도 다르지만, 집주인의 신분에 따라서도 집의 크기와 위치가 다를 수 있다. (양반들이 살던 집을 양반집 또는 반가(班家)라고 한다면, 일반 서민들이 살던 집을 서민집 또는 민가(民家)라고 할 수 있다. 양반집의 노비이거나 소작 등의 여러 가지 일을 하며 살던 사람들의 집을 특별히 가람집이라 부르기도 했다.) 집들이 양반집과 가람집으로 나뉘는 오래된 마을에서는 안쪽에 양반들이 자리 잡거나 산을 끼고 있는 마을에서는 주로 위쪽에 양반들이 집을 지은 경우가 많다. 부잣집 일을 돌보아 주거나 소작으로 살아가는 사람들은 살림 규모가 작을 수밖에 없다. 큰집을 가운데 두고 주변에 흩어져 살거나 마을 바깥쪽에 집을 짓고 살다 보니, 마을 아래쪽이나 바깥 쪽에는 비교적 작은 크기의 집들이 많아졌다. 역사가 오랜 마을에서는 이런저런 살림의 특징에 따라 여러 가지 특징을 만나볼 수 있는 것도 흥미로운 연구거리들이다.

　이처럼 마을 안에서 찾아볼 수 있는 여러 가지 이야깃거리는 오래전부터 우리가 살아온 우리의 모습이기도 하다. 자연을 거스르지 않고,

자연을 있는 그대로 이용하며, 꼭 필요한 경우에만 그것도 자연과 조화를 이루도록 조심스레 생활 주변을 가꾸었다. 예를 들자면 마을 주위를 돌아 흐르는 냇물이 넘쳐 마을에 위험을 미칠 것 같으면 물길을 따라 둑을 쌓고 나무를 심어 자연과 조화를 이루게 했다. 또한 마을 입구가 크게 뚫려 안까지 훤히 들여다보인다고 생각하면 슬며시 길을 돌려 사람들이 마을을 돌아 들어와 마을이 아늑한 느낌이 들도록 노력했다.

누구나 처음 보는 사람들의 얼굴로부터 여러 가지 느낌을 받는 것처럼 처음으로 마을을 찾아오는 사람들이 입구에서부터 마을에 대한 여러 가지 느낌을 받을 수 있다. 마을의 첫인상이 좋으면 마을 안에 들어서서도 좋은 느낌이 길게 이어지기 마련이다. 더욱이 마을의 모습은 마을을 이루고 사는 사람들의 마음까지도 느끼게 해 준다. 자연과 더불어 한결같은 마음으로 살아가는 우리 생활 모습은 자연 그대로의 모습이고, 이러한 마을의 모습이 또한 '자연주의'를 지향하는 삶의 모습이라고 생각한다.

사람은 혼자 사는 것이 아니므로 여럿이 함께 모여 살기 마련이다. 그래서 사람들은 살기 좋은 곳에 집을 짓고 여럿이 함께 모여 마을을 이루고 산다. 너른 들판에 자리 잡은 마을이라 하더라도 여러 채 집들이 한군데에 그냥 몰려 있는 것이 아니다. 사람이 모여 사는 곳이라면 그럴 만한 몇 가지 조건을 갖추고 있기 때문에 마을로 커진 것이다. 우선 널따란 평지라면 햇빛을 잘 받아 농사짓기에도 편할 것이므로 먹을거리를 확보하기가 쉬웠을 것이다. 그러기에 널따란 땅에 집을 짓고 사는 것이 넉넉한 살림살이를 이루기에 편했을 것이다. 그렇다고 사람들이 평평한 땅이라면 아무 곳에서나 집을 짓고 살지는 않았다. 아무래도 먹을

거리를 구하기 쉽고 맑은 물이 샘솟는 곳이라야 비로소 사람들이 안심하고 집을 짓고 살았을 것이다.

너른 들판에 자리 잡은 마을은 논밭이 가깝기 때문에 그만큼 농사지으러 다니기에 편하다는 좋은 조건을 지녔다. 그렇다고 평평한 거주지가 모두 좋기만 한 것은 아니다. 바람이라도 한번 크게 불면, 어느 한 군데도 막히지 않으므로, 걷잡을 수 없는 피해를 입을지도 모른다. 강한 바람은 그 힘이 굉장하므로 강한 바람을 막아 주는 무엇인가 필요할 때가 있다. 이처럼 들판에 자리 잡은 집과 마을은 강한 바람의 해를 입을 수도 있으므로 바람을 막아 주는 방편으로 나무를 심어 숲을 가꾸었을 터이다. 이것이 이른바 방풍(防風)이라는 마을숲의 한 가지 중요한 역할이다.

들판 한가운데에 여러 채의 집들이 들어앉아 마을을 이루었다는 것은 그만큼 사람들이 살아가는 데 필요한 조건을 갖추었기에 가능한 일이다. 이를테면 비옥한 땅과 깨끗한 샘물 그리고 바람을 막아 주는 숲 같은 조건들이 있기에 마을이 생겼다고 하겠다. 여기에 덧붙여 또 한 가지 다른 조건을 생각해 볼 수 있다. 평평한 들판에 자리 잡은 마을이라면 너무나 단조로운 느낌이 들기도 한다. 조금이나마 변화를 느낄 수 있는 높낮이를 갖추었다면 더 낫지 않을까 하는 생각을 지울 수 없다. 들판에서도 높은 곳과 낮은 곳이 있다면 높은 곳에서 낮은 곳으로 흐르는 물줄기를 생각할 수 있다. 물은 항상 낮은 곳을 찾아 흘러가므로 높은 곳에서 흘러나온 물이 줄기를 만들어 높이가 낮은 들판으로 흘러 농사에 도움을 준다. 물이 흐르다가 파인 곳을 만나기라도 하면 그곳에 물이 모여 못을 이루거나 더 넓게 퍼져나가 습지를 이룬다. 이처럼 한곳에 모인 물은 땅을 촉촉하게 적셔 주므로 농사를 짓는 데에는 더없이 좋은 역할을 하는 것이다.

　사람들이 모여 사는 마을 옆으로 또는 앞으로 자그마한 개울이라도 흐른다면 마을 사람들의 물 걱정은 줄어들 것이다. 굽이굽이 흐르는 개울을 따라 심은 버드나무를 생각해 보자. 마을 옆으로 흐르는 개울가만이 아니더라도 들판을 흐르는 물가에서도 오래전부터 자리 잡은 버드나무나 왕버들을 찾아볼 수 있다. 겨우내 추웠던 날씨가 풀리면 어느 틈에 물가 버들개지에 싹이 움트는 모습을 볼 수 있고, 해마다 봄이면 물가 버드나무의 푸릇푸릇 물오르는 모습을 볼 때면 누구나 봄을 느끼게 된다. 이처럼 개울이나 도랑 가에는 물을 좋아하는 나무나 풀을 심어 물을 한껏 머금을 수 있도록 함으로써 사람들이 항상 물을 넉넉하게 쓸 수 있도록 배려했다. 마을 어귀는 물론이고 마을 주위에 자리 잡은 마을숲이나 물가에 서 있는 나무들이 우거져 숲을 이룬다면 마을에 사는 사람들에게 크고 작은 여러 가지 도움을 주는 것이 당연하다. 나무는 물을 머금어 땅을 마르지 않게 해 줄 뿐만 아니라 강한 바람도 막아 주어 마을을 푸근히 감싸 주는 역할을 한다.

　오래전부터 사람들은 마을은 물론이고 사람이 살 집터를 고를 때에는 이처럼 바람을 막아 주고 물을 주는 곳을 찾는다. 이와 같은 지형을 장풍득수(藏風得水)가 되는 땅이라고 한다. 이처럼 좋은 터를 골라 마을을 이루고 사는 사람들은 시간이 지날수록 살림이 넉넉해지는 것은 물론이고, "뒤주에서 인심이 난다."라는 말처럼 넉넉한 살림을 바탕으로 일이 생길 때마다 서로 돕고 도와주는 두레 풍습까지도 발전시켰을 것이다.

우리나라 지형을 이리저리 살펴보아도 널따란 평야가 넓게 펼쳐진 곳은 그리 많지 않다. 전국토의 80퍼센트 정도가 산지이니 산을 멀리 하고서는 사람들이 살아갈 수가 없을 것이다. 산지라고 해도 모두가 높은 산만 있는 것이 아니라 언덕도 있고 구릉도 있으며 낮은 산도 있고 높은 산도 있을 터이니 그 가운데 적당한 장소를 찾아 산에 기대 집을 짓고 마을을 이루어 살았다. 그렇기 때문에 우리는 반만년이라는 오랜 역사를 만들어 왔으며, 그동안 여러 가지 문화를 이루어 지금까지 넉넉한 마음을 지키며 살아온 것이다.

우리는 오래전부터 넓은 평지가 펼쳐진 곳이면 넉넉한 마음으로 평지에 마을을 이루어 살았고, 평지가 부족하다면 부족한 대로 평지보다 조금 높은 언덕에 마을을 이루고 편안한 마음으로 살아왔다. 그래도 마을이 자리 잡기에 더 좋은 곳이라면 평평한 평지보다는 조금 봉긋하게 솟은 언덕을 꼽았다. 평평한 곳은 논밭으로 이용해 땅의 활용도를 높였다. 그뿐만 아니라 누가 생각하더라도 높은 곳에서는 아래를 내려다볼 수 있어서 시원한 느낌이 든다. 그런 곳에 집을 짓고 마을을 이루어 산다면 마음부터 넉넉했을 것이다. 높은 곳에서 보는 시야가 좋다고 해서 무턱대고 높은 곳을 찾았던 것은 아니다. 농사를 짓는 곳은 평지가 대부분이므로 논밭으로 다니기에 불편하지 않은 정도로 적당한 높이라면 주저하지 않았을 것이다. 이처럼 적당한 높이의 나지막한 언덕이라면 어느 곳이라도 마을을 이루어 편안히 자리 잡고 살았을 것이다.

우리나라 지형에서는 어느 한 군데 언덕이 있다면 그곳이 바로 꼭대기가 아니다. 언덕 뒤로는 거의 대부분 언덕을 만들어 주는 더 높은 산이 있기 마련이다. 그러다 보니 대체로 적당한 높이에 자리한 마을은 거의 모두가 뒤쪽으로는 높은 산을 등지고 있는 경우가 많다. 또한 산이 높으면 물이 깊다는 말처럼 산에서 흘러나오는 물이 앞쪽 낮은 평지로 흘러내린다. 그래서 자연스레 마을이 자리한 곳을 살펴보면 산이 뒤쪽에 자리하고 앞으로는 물이 흐르는 모양을 떠올리게 된다. 사람들은 오래전부터 이러한 자리를 일컬어 배산임수(背山臨水)라고 말하며 사람 살기에 좋은 터라고 생각한다.

조선 시대 사람들이 살아가는 모습을 자세하게 정리해 놓은 자료가 몇 가지 있다. 조선 후기 이중환의 『택리지(擇里志)』와 순조 때 서유구가 지은 『임원경제지(林園經濟志)』가 그러한 귀한 자료들이다. 『택리지』는 이 땅에서 사람이 살 만한 곳은 어디인가 찾아보는 데 그 목적이 있는 책이고, 『임원경제지』는 「상택지(相宅志)」 편처럼 집이란 어떤 곳에 자리 잡아야 하는가를 설명하는 책이다. 이와 같은 설명을 꼼꼼히 살펴보면 집짓기에 좋은 터는 물론이고 집들이 모여 마을을 이루기에 좋은 내용들이 포함되어 있다. 어느 한 군데 지형을 보고 굳이 좋고 나쁨을 구별하는 풍수지리(風水地理)에 관한 내용이 아니더라도, 누구나 보고 느낄 수 있는 좋은 터로 배산임수와 함께 장풍득수 형국(形局)의 터를 꼽는 것은 당연한 일이다.

배산임수와 장풍득수라는 조건을 두루 갖춘 지형이라면 어느 곳이고 휑하니 드러나 보이는 장소가 아니라 포근히 감싸 주는 느낌이 든다. 누가 보더라도 아늑한 분위기가 우러나오는 마을이라면 뒤쪽은 제법 높더라도 앞쪽은 넓게 트였으며, 양쪽이 다소 높은 곳이기에 누구에게나 아늑한 기분을 느끼도록 한다. 그래서 사람들은 이러한 지형을 '황금닭이 알을 품고 있는 형상'이라 해 금계포란(金鷄抱卵) 지형이라 부르고 또는 좌청룡(左靑龍) 우백호(右白虎)라는 말로 설명하기도 한다. 어떤 모양의 터를 잡아야 하는 것은 물론 어느 방향으로 자리 잡아야 하는 등에 관한 이러한 용어는 묘지를 잡는 음택풍수(陰宅風水) 용어로 더 많이 사람들에게 알려져 있다.

그런데 사실은 사람이 살기 위한 집터를 잡는 것이나 돌아가신 조상을 모시고자 묘지를 정하는 것이 서로 크게 다르지 않다. 집터를 잡을 때에도 좌청룡에 해당하는 흐르는 물길, 우백호에 해당하는 큰 길, 남주작에 해당하는 연못 그리고 북현무에 해당하는 구릉이 있다면 더 없이 좋은 터로 꼽는다. 이렇듯 '어떠한 터에 자리 잡을 것인가?'와 함께 '어느 쪽을 바라보고 있는가?' 같은 방향 문제는 그야말로 편하고 아늑한 곳을 찾으려는 사람들의 한결같은 마음과 서로 통하기 때문이다. 사람들이 집터를 마련하기 위해서 방향을 잡는 것은 나무나 풀이 양지바른 곳에서 더 잘 자라는 것처럼 분명히 햇빛을 잘 받아들여 이용하려는 의도가 그만큼 크기 때문이기도 하다.

미국의 진화 생물학자 에드워드 윌슨(Edward O. Wilson)은 인류가 탁 트인 평지가 내려다보이면서 배후가 산이나 절벽 같은 것으로 막혀 있는 낮은 언덕 같은 지형을 거주지로서 선호하게끔 진화했다는 주장을 편 적이 있다. 현재 여러 학자들이 그의 주장을 검증하기 위해 다양한 연구들을 하고 있는데, 이 가설을 바이오필리아(biophilia, 생물 호성, 생명애 등으로 번역된다.) 가설이라고 한다. 동양에서 오랫동안 연구되어 온 풍수학이 이 가설을 입증하는데 도움을 줄지도 모른다. 풍수학에서는 땅, 자연, 경관 등에 대한 반응을 여러 언어로 분류, 정리, 계열화해 놓았는데, 이것들이 바이오필리아의 진화를 연구하는 데 어떤 실마리를 던져

줄 수도 있을 것이기 때문이다.

　요즈음에는 마음만 먹으면 언제든지 어렵지 않게 고향 마을을 찾아갈 수 있다. 예전에는 서울에서 멀리 떨어진 산골에 자리한 고향을 찾아가려면 기차나 버스를 갈아타고 또 한참이나 걸어가야 했다. 그런데 요즈음에는 KTX라는 한국형 고속 철도가 여러 도시를 이어 주고 있으며, 많은 고속 도로들이 전국 곳곳을 연결하고 있으므로 자동차로 빠르고 편리하게 고향 마을을 다녀올 수가 있다. 그런데도 사람들은 실제로 고향 마을을 자주 찾아가지 못한다. 그것은 사람들이 태어난 자신의 고향이 없어진 것이 아니라 고향은 그 자리에 있더라도 예전에 생각하던 그 모습이 아니기 때문이다. 더욱이 함께 사는 식구들은 물론이고 일가친척이나 아는 사람들까지 고향을 많이 떠나 버렸기에 예전의 정다운 고향 모습을 기대하기 어려운 것도 또 다른 이유이다. 그래서 사람들은 고향 마을을 찾아가는 것보다는 오히려 생각으로 더듬어 보는 것이 더 정겨울 때가 많다.

　어렸을 때의 추억을 되살려 고향 마을을 찾아갈 때에 눈에 들어오는 고향 마을 모습을 나름대로 그려 본다. 멀리 마을이 보인다. 한 걸음, 한 걸음 마을이 가까워진다. 고향 마을 어귀에 다다르면 익숙한 물건들이 눈에 들어오기 시작한다. 그리 울창하지는 않더라도 산책하기에 적당할 정도의 아주 깊지 않은 마을숲, 마을 옆으로 흐르는 개울이 먼저 보인다. 한 그루 한 그루 유명한 나무는 아니더라도 크고 작은 여러 종류의 나무들이 적당히 어우러져 깜찍한 모습으로 자그마한 숲을 이루고 있다. 언뜻 보아 지나치기 쉬운 곳에 돌무더기를 모아 쌓아올린 돌탑도 길가 쪽으로 살며시 드러나 보인다. 언제부터 돌탑을 쌓았는지 모르지만 동네 사람들이 오며가며 돌멩이 하나씩 올려 탑을 쌓았을 것이다. 탑을 쌓는 마음은 자신을 지키고 가족을 지키며 나아가 마을을 지키려는 것이리라. 작은 돌멩이가 쌓여 있는 보잘것없는 돌탑이지만, 마을 사람들에게는 공동체 의식을 느끼게 해 주는 특별한 기념비이다. 해마다 설날이나 정월 대보름이면 마을 사람들이 돌탑 근처에 모여 흥겨운 음악을 연주하며 마을의 번영과 평안을 기원한다. 평소에는 돌탑을 그냥 지나치고 말지만, 마을 사람들은 항상 그 자리에 돌탑이 있다는 것을, 그리고 그 돌탑이 마을 입구에서 마을로 들어오려는 온갖 삿된 기운을 막아서고 있음을 느끼고 생각하고 그리워한다.

    이제 마을이 한눈에 들어온다. 서산으로 노을이 지고, 새들은 바쁜 하루를 마감하고 보금자리로 돌아가려는 듯 분주하게 날갯짓을 한다. 그리고 내 가슴 속을 아늑함이 가득 채운다. 그래, 나는 돌아왔다.

들판 한가운데에 여러 채의 집들이 들어앉아 마을을 이루었다는 것은 그만큼 사람들이 살아가는 데 필요한 조건을 갖추었기에 가능한 일이다.

고샅길을 걸으며

지금도 마을 입구에는 큰 나무가 한두 그루씩 서 있어 길손들의 휴식처로 이용된다. 먼길을 온 길손들에게는 힘들었던 여정을 잠시 멈추고 새로운 힘을 충전할 기회를 주고, 마을 사람들에게는 멀리서 바라보기만 해도 집이 가까이 있다는 안도감을 느끼게 해 준다. 큰 나무는 마을 사람들에게는 일하다 잠시 쉴 수 있는 휴식처가 되기도 하며, 또한 여러 사람이 나무 그늘에 모여 앉아 서로서로 궁금한 이야기를 나누거나 마을의 중요한 일을 상의하는 회의장이 되기도 한다.

더구나 큰 나무가 당산나무(사전의 뜻은 "마을의 수호신으로 모셔 제사를 지내 주는 나무"이다.)일 때에는 이 나무가 바로 마을의 상징이 되며, 이러한 당산나무는 마을로 들어오려는 삿된 기운을 물리쳐주는 마을의 수호자가 되기도 한다. 그러기에 당산나무는 오래 자라면서 또한 크게 자랄 수 있는 종류를 골라 심는데, 주로 느티나무를 많이 심었다. 느티나무는 한자로 규목(槻木)이라고 하는데, 오래전부터 느티나무에 얽힌 신령스러운 이야기가 많이 전해 온다. 느티나무를 향해 사내아이를 기원하면 아들을 얻는다거나, 느티나무가 밤중에 빛을 내면 동네에 좋은 일이 생기고, 나쁜 일이 생길 때마다 나무가 먼저 울었다거나 하는 이야기들이 그것이다. 그래서 그런지 느티나무는 신목(神木)이나 당산 성황(城隍) 같은 상서로운 이름들로도 불린다.

우리나라에서는 느티나무를 괴목(槐木)이라고 부르기도 한다. 괴(槐)라는 한자는 언뜻 생각하면 '신령한 귀신이 붙은 나무'라는 식으로 해석할 수 있어(木+鬼) 느티나무 이름으로 그럴듯하다는 생각이 든다. 그러나 괴목은 실제로는 회화나무를 일컫는다. 옛 문헌에 느티나무와 회화나무를 가리지 않고 괴목이라고 해 후세 사람들의 고개를 갸웃거리게 만든다. 아주 크게 자라는 느티나무에 비해 작은 회화나무는 집안에 심을 만한 크기이므로 사람들은 집안에 회화나무를 심기도 했고, 마을 안 적당한 곳에도 이 나무를 심고 가꾸었다. 경우에 따라 사람들은 크게 자란 회화나무를 신목으로 모시기도 했다. 아이들이 모여 놀다가 회화나무 근처에 가기라도 하면 어른들은 아이들이 나무를 상하게 할까 봐 소리치며 막았던 기억이 있다. 집안과 마을에 길운을 가져오는 길상목(吉祥木)으로 여겼기 때문에 나무를 부러뜨릴까 걱정했던 것이다. 이 나무를 집안에 심으면 가문이 번창하고 큰 인물이 난다고 여겼고 잡귀가 집안을 넘보지 못하고 좋은 기운이 모인다고 믿었다. 또 주나라 때 가장 높은 벼슬이었던 삼공(三公)을 뜻한다 해 벼슬길에 뜻을 둔 선비들이 모인 서원이나 사대부 집안에서 즐겨 심기도 했다. 더욱이 회화나무 꽃이나 열매는 약재로 이용하기도 했다. 꽃과 열매는 동맥 경화나 고혈압 치료제 또는 지혈제의 재료로 사용되기도 했다.

느티나무 이야기로 다시 돌아가자. 느티나무는 살아서도 좋은 일을 많이 하지만, 죽어서는 그보다 더 좋은 일을 한다고 할 수 있다. 왜냐하면 사람들은 느티나무를 가장 좋은 목재로 치기 때문이다. 느티나무 목재는 무늬와 색상이 아름답고 튼튼하기 때문에 여러 가지 가구를 만드는 데 이용했다. 좀 여유 있는 양반 집에서는 느티나무로 집을 짓고 가구를 만들고 관을 만들었으니, 요람에서 무덤까지 느티나무와 함께 살다 죽는 인생인 셈이다. 이것만으로도 느티나무의 가치를 얼마나 중요하게 여겼는지 충분히 짐작해 볼 만하다.

느티나무가 아무리 좋은 나무라 하더라도 집 짓는 목재로 쓰기에는 아쉬운 점이 있다. 그것은 느티나무가 너무 강하다는 것이다. 또 느티나무는 다른 나무에 비해 성장이 느린 편이라 집짓기에 필요한 목재를 쉽게 확보하기가 어렵다는 단점도 있다. 그래서 느티나무 대안으로 떠오른 나무가 바로 소나무였다. 소나무는 느티나무의 단점을 보완하면서도 강도 또한 그에 못지않아 지금까지도 집 짓는 목재로 널리 쓰이고 있다.

목가구를 만드는 장인들은 아름다운 무늬 결을 가진 느티나무를 특별히 용목(龍木)이라고 불렀다. 이것만 보더라도 사람들은 느티나무를 얼마나 각별하게 여겼는지 짐작할 수 있다. 또한 옛사람들이 많이 사용하던 가구로 궤(櫃, 궤짝이라는 말이 더 익숙할 것이다.)가 있는데, 느티나무로 만든 궤를 가장 좋은 것으로 여겼다. 지금도 궤 가운데에서도 나뭇결이 좋은 용목 통판 6쪽으로 만든 직육면체 가구가 아주 좋다는 뜻으로 '육통궤목 반다지'라는 말을 자주 쓴다. 그런데 궤를 만드는 궤목(櫃木)과 괴목(槐木)의 발음이 서로 비슷해 사람들이 이들을 혼동해 사용하는 경우가 많이 있다. 아마도 궤를 만드는 데 쓰인다 해 느티나무를 '궤목'

이라고 했는데, 어쩌다 이를 '괴목'이라 잘못 쓰고 이게 굳어져 유독 우리나라에서만 느티나무를 괴목이라고 부르게 된 것이 아닐까 싶다.

마을 어귀에서 크게 자란 느티나무는 마을사람들이 당산나무나 성황나무로 이용했다. 그뿐만 아니라 느티나무를 다른 말로 둥구나무라고 부르기도 하고 경우에 따라서는 정자나무라고도 부른다. 물론 이러한 나무 이름에 따라 쓰임새를 엄격히 구분하지는 않는다. 그렇지만 대체로 당산나무나 성황나무라는 이름은 신앙적인 의미가 강하고, 둥구나무라는 이름은 마을의 상징처럼 여긴다는 의미가 돋보인다. 이에 비해 정자나무는 그 나무의 기능(마을 사람들의 휴식 공간)을 분명하게 보여 준다.

느티나무는 암수 짝을 이루라는 뜻으로 두 그루를 심기도 하고, 아니면 한 그루만 심더라도 두 개의 큰 가지로 뻗어나게 가지치기를 하기도 한다. 이것은 아마 음양설을 수용한 결과라고 볼 수 있다. 다른 한편으로는 두 그루 느티나무를 심으면 나무끼리도 자라기를 경쟁하니 서로 빨리 자라도록 경쟁심을 부추기는 의미가 있을 것이며, 커다란 두 가지가 뻗으면 그만큼 그늘이 커지니 그 기능성도 좋아진다. 당산나무는 마을 지킴이로서 샃된 것을 물리치는 존재로 더 많이 알려져 있지만, 그것만이 아니라 사람들의 노동의 의욕을 북돋고, 서로 어울려 함께 노력해야 풍족한 수확을 거둘수 있음을 보여 주는 존재이기도 하다.

마을로 들어서는 길목에 서 있는 느티나무는 긴손이 휴식처기 되고 마을 사람들의 소식을 전하는 알림판이 되기도 하며 또한 어린이들의 놀이터가 되기까지 한다. 따가운 햇살이 가득한 한낮에는 동네 어른들이 모여 일하다가 나무 그늘 밑에 쉬면서 이야기꽃을 피우기도 한다.

정자나무 밑에서 쉬고 있는 마을 어른들에게 인사하고 마을 안으로 들어서면 그 마을만이 간직한 독특한 멋이 소리 없이 드러난다. 무엇보다도 먼저 마을길 양쪽으로 늘어선 나지막한 담장이 눈에 들어온다. 아무 보잘것없는 흙과 돌멩이를 이겨 만든 것이지만 어떻게 만드느냐에 따라 아름다운 모습으로 바뀐다. 이처럼 무심한 듯 서 있는 담장이지만, 담장 하나하나를 살펴보면 모두가 제각기 다른 모습이며 또한 모두가 나름대로 독특한 모습을 보여 준다.

담만 길게 이어진 마을길을 걷다 보면 아무래도 단조로운 느낌을 받을 수밖에 없다. 그것도 사람들의 시야를 가릴 정도로 높은 담이라면 담을 따라 걷는 사람들에게 위압감을 주기에도 충분하다. 마을의 분위기는 마을 사람들의 마음을 그대로 나타낸다. 마을길을 걷는 사람들의 불안감을 줄여 주고 편안함을 느끼도록 하기 위해서는 무엇보다도 담이 높지 않아야 한다. 마을길을 걷다가도 조금만 올려다보면 울타리 너머 처마는 물론 마당과 텃밭이 보일 정도라면 그 집이 바로 열린 공간이라는 생각이 들기 마련이다. 이렇듯 마을의 담장 높이는 담장 밖을 지나는 어른들의 머리가 보이는 정도였다. 이만한 높이라면 조금만 고개를 들어 올려 보면 집안 마당이 보이고 또한 멀리 있는 경치까지 볼 수 있으므로 마을 사람들을 배려하는 담장이라고 할 만하다.

그리 높지도 낮지도 않는 담장 높이는 닫힌 듯하면서도 또한 열려 있는 집과 마을의 분위기를 잘 보여 준다. 나지막한 담장 너머로 사람들은 조금만 발돋움해도 얼굴을 마주볼 수 있기에 가벼운 인사는 물론이고 서로 안부를 묻고 궁금한 이야기도 나눌 수 있다. 그뿐만 아니라 담장은 있는 그대로의 자연스러운 마을 분위기와 함께 담장이 갖는 아름다움도 함께 보여 준다. 돌을 모아 쌓은 돌담도 자연스러운 멋을 보여 주지만, 흙과 함께 쌓아올린 담장은 또 다른 아름다움을 연출하기도 한다. 조금 단조로운 느낌이다 싶으면 담에 특별한 색이나 무늬 또는 그림을 넣어 색다른 맛이 우러나오도록 만들기도 한다. 이를테면 주위와 어울리는 기와나 전돌을 담장에 추가로 넣기도 한다. 이처럼 아름답게 치장한 담장을 특별히 '꽃담'이라고 부르는데, 궁궐이나 사대부 집안의 담장을 치장하는 데 많이 이용한다.

굳이 아름다운 무늬를 넣은 꽃담이 아니더라도 소박한 아름다움을 느낄 수 있는 담장도 있다. 담장 위에 기와를 얹거나 초가로 이엉을 만들어 덮는 것도 담장을 아름답게 가꾸려는 노력에서 비롯되었다. 흙으로 쌓은 담에 빗물이 스며들어 허물어지는 것을 막으려는 뜻이 먼저였겠지만, 그 속에서 또 다른 아름다움과 멋을 찾아볼 수 있다는 것은 부수적인 즐거움이다. 담을 쌓는 재료에서만 아름다움과 멋을 찾는 것은 아니다. 담장을 타고 자라는 넝쿨장미나 한여름에 꽃피는 능소화도 담장의 멋을 더해 준다. 그뿐만 아니라 담장 위로 자란 박 넝쿨에서 피어난 하얀 꽃은 캄캄한 밤중에도 담장의 소박한 멋을 더해 준다.

생활 속에서 아름다움을 찾는다는 것은 아름다움을 볼 수 있는 눈과 그것을 느낄 수 있는 마음이 있어야 가능하다. 물론 아름다움을 만들 수 있는 감각이 있고 또한 이를 알아 주는 마음의 여유가 있어야 한다. 다시 말하자면 아름다움을 만드는 사람과 이를 제대로 이해하고 누리는 사람의 마음이 통해야 한다는 점이 중요하다. 이러한 아름다움의 소통은 일방향적이 아니라 양방향적이라는 점도 중요하다. 서로가 한데 어울려 함께 살며 즐기지 않고는 쉽게 이루기 어렵다는 것이 바로 우리가 아름다움을 찾는 길에서 맞닥뜨리는 어려움이라 할 수 있다.

옛날부터 함께 어울리며 살아온 우리이기에 아름다움이 무엇인가 정확히 꼬집어 말로 표현하지 않더라도 아름다움에 대한 느낌은 사람들끼리 서로 통하는 바가 있다. 고향 마을에 대한 아름다움과 그리움도 한 마을에 살았던 사람들끼리는 더욱 강하게 통하는 것처럼 같은 지역에 사는 사람은 물론 한 나라에 사는 사람들끼리 서로 비슷한 느낌을 가진다는 것도 당연한 일이다. 전통과 문화라는 이름으로 뚜렷한 특징을 규정지으려 하기보다는 대부분의 사람들에게 억지 부리지 않을 정도의 느낌으로 아름다움에 대한 생각을 넓혔으면 하는 바람이다.

오래전부터 우리가 느껴온 담장에 대한 아름다움도 지금은 학문적으로 따져본다면 쉽게 찾아보기 어려운 형편이다. 왜냐하면 경복궁의 자경전이나 교태전 아니면 창경궁의 낙선재 또는 덕수궁 같은 궁궐이나 그도 아니면 사대부 집이나 양반집의 기와 얹은 담장에서 눈을 크게 뜨고 찾아보아야 겨우 무엇인가 느낄 수 있기 때문이다. 그런데 조금만 마음의 문을 열고 살펴보면 기와집과 초가집이 모여 있는 요즈음의 시골에서도 얼마든지 아름다운 담장을 찾아볼 수 있다. 굳이 특별한 꽃담의 아름다움이 아니더라도 소박하게 꾸민 담장의 아름다움은 생활 주변에서 어렵지 않게 찾아볼 수 있다.

날이 갈수록 늘어가는 도시의 아파트에서도 아름다운 담장 모습을 재현하려는 노력을 찾아볼 수 있다. 대단위 아파트 단지에서 전통적인 담장이나 꽃담을 세우기도 하는데, 이것은 사람들이 함께 사는 곳에서 전통 마을 안에 자리한 멋과 아름다움을 현대에 어울리는 모습으로 만들어보려는 사람들의 노력이 있기 때문이다. 또한 고층 아파트 벽면에 주위와 어울리는 그림을 그리는 것도 아름다움을 찾으려는 노력의 하나로 볼 수 있다. 널따란 건물의 벽면에 그림을 그리는 것만이 아니라 때로는 커다란 모자이크 타일을 구워 담에 붙이기도 한다. 어찌 보면 고구려 시대의 벽화 같아 보이기도 하면서 어찌 보면 아름다운 꽃담 장식과도 같아 보인다. 이러한 작은 노력을 전통 마을이 가진 담장의 멋과 아름다움을 다시 되살리는 노력으로 볼 수 있으며, 그러한 느낌도 우리에게는 오래전부터 마음으로 느끼던 아름다움이 있기에 가능한 것으로 생각할 수 있다.

담을 쌓는다는 것은 집 안팎을 구분하는 경계를 만들거나 구역을 둘러싸는 건축물의 일부를 만든다는 뜻과도 통한다. 그런데 담장이라고 하면 그 속에는 장식과 아름다움이라는 뜻이 포함된 느낌이 든다. 나는 물론이고 여기에 너를 더해 그 안에서 우리라는 개념을 만들어준 담이기는 하지만, 담장의 아름다움을 찾다 보면 더 이상 경계라는 의미는 슬며시 꼬리를 감춘다. 다시 말해서 담을 뛰어넘은 담장은 더 이상 경계로 나누어 떼어 놓지 않는다는 뜻이다. 담장의 아름다움과 멋 또한 담으로 둘러싸인 독립적인 아름다움에서 벗어나 다른 것과 함께 어울리는 조화의 아름다움으로 더 크게 번져 나간다.

한 가지 예를 들자면 담장이 대문과 어울릴 때에는 집 안팎을 둘러볼 수 있는 또 다른 멋과 아름다움을 만들어 낸다. 사람들을 집안으로 맞아들이는 대문과 어울린 담장은 집 밖에서 집안을 살펴볼 수 있는 가늠자가 될 수 있기 때문이다. 이처럼 담장은 집을 꾸미는 하나의 부속 건축물이기는 하지만, 담장이 갖고 있는 아름다움은 바깥과 어울리는 또 하나의 아름다운 모습을 만들어 낸다. 이와 같이 담장은 담장으로

서 고유한 아름다움도 있지만, 대문이나 골목길 등의 다른 것과 한데 어울려 새로운 멋을 만들어 내기도 한다.

흙과 돌멩이로 쌓아올린 담장은 아무래도 아스팔트나 시멘트 포장길과 어울리기 어렵다. 그래서 흙담은 역시 흙길과 어울리기 마련이다. 이처럼 담장은 마을길과 어울리면서 마을이 가진 독특한 아름다운 모습을 만들어 내는 것이다. 마치 담에 아름다움이 더해져 담장으로 바뀌는 것처럼 마을의 골목길도 담장과 어울리면서 '고샅길'이라는 새로운 아름다운 이름을 얻는 것이라 생각해도 좋다. (고샅길의 사전적 뜻은 시골 마을의 좁은 골목길이다. 이 단어가 얼마나 사랑스러운가!) 이와 같이 나름대로 독특한 아름다움과 멋이 어우러져 새로운 조화를 만들고 새로운 이름까지 얻는 것은 어쩌면 사람의 마음이 자연의 뜻과 하나 되어 새로운 느낌을 받는 것으로 보아도 좋을 것이다.

느티나무는 마을 사람들이 일하다 잠시 쉴 수 있는 휴식처이고, 나무 그늘에 모여 앉아 궁금한 이야기를 나누거나 중요한 일을 상의하는 회의장이기도 하다. 그리고 동시에 마을의 신성한 공간이기도 하다.

나무를 심는 마음

▍마을에 어떤 사람들이 사는가에 따라 마을의 규모는 물론이고 집의 크기와 모양새도 달랐다. 오래전부터 자리 잡고 있던 마을이라 하더라도 양반들이 많이 모여 살았던 마을을 반촌(班村)이라 부르고 이들이 살던 집을 흔히 반가(班家)라고 부른다. 이에 비해 일반 백성들이 많이 살았던 마을을 민촌(民村)이라 하고 이런 마을의 집을 민가(民家)라고 한다. 편의적으로 나눈 민가와 반가의 차이를 학문적으로 뚜렷하게 구분하기는 어렵지만, 대체로 민가가 자연 조건에 잘 따르는 편이고 그러기에 민가에서는 지역성이 더 많이 나타난다.

어쨌거나 사람이 사는 집은 민가인가, 반가인가에 따라 집의 크기와 모양새가 다르고 살림의 규모까지도 달랐다. 집이 서로 다르면 집에 딸린 담장은 물론이고 집과 담장이 어울린 고샅길 그리고 마을 전체의 모습도 달라지기 마련이다. 이렇게 서로 다른 특징이 있기에 마을마다 모습이 다르고 사람들의 생각과 느낌까지 모두 달랐다. 이처럼 마을 분위기에 따라 삶의 모습이 다르므로 마을마다 서로 다른 독특한 문화와 전통을 이어 가며 또한 나름대로 색다른 마을의 아름다움과 멋을 간직하게 된다.

　전통 마을 가운데에서도 양반 마을을 꼽으라면 경상북도 안동의 하회마을과 안강의 양동마을을 꼽을 수 있다. 시골 양반이라고는 해도 양반들이 모여 살았던 마을이니 궁궐만큼은 아니더라도 사대부 집을 보여 주는 기와집들이 많다. 양반 마을이라고 하더라도 모두 기와집만 있는 것은 아니다. 경제적 능력이 떨어지는 양반이거나 양반 집을 찾아가 일해 주는 사람들도 한 마을에 살았으므로 이들이 살던 초가집도 볼 수 있다. 아무래도 초가집은 기와집에 비하면 규모도 작고, 또한 살림살이도 그만큼 간단할 수밖에 없다. 나라에서는 지금까지 남아 있는 몇 군데 전통 마을 가운데에서도 특별히 보존이 잘 되어 있는 마을을 골라 '민속 마을'이라고 부르며 문화재로 지정해 보호하고 있다. 제주의 성읍 민속 마을이나 전라남도 승주의 낙안읍성 그리고 충청남도 아산의 외암마을은 대표적인 민속 마을이다.

　옛날부터 사람들은 서로 이야기하는 가운데 "기와집을 짓고 떵떵거리며 살았고……"라든가 "초가집에서 오순도순 살았다."라는 비유를 많이 한다. 이러한 비유에서처럼 기와집은 크기도 하거니와 살림이 넉넉한 집이라는 의미가 들어 있다. 이에 비해 초가집은 아무래도 규모도 작고 초라한 느낌이 들기 마련이다. 물론 기와집(瓦家)과 초가집(草家)을 간단한 비교해 보자면 당연히 지붕이 다르다고 말할 수밖에 없다. 지붕 재료로 기와를 얹었는가 아니면 짚으로 만든 이엉을 얹었는가에 따라 집을 구별하기 때문이다.

　그런데 조금만 따지고 보면 기와를 얹은 지붕은 그냥 기와만 얹어 놓은 지붕이 아니다. 기와는 흙을 구워 만든 것이므로 당연히 짚을 엮어 만든 이엉에 비해 무거울 수밖에 없다. 더욱이 지붕에 기와를 얹으려면 흙을 개어 지붕 위에 가지런히 깔고 그 위에 기와를 흐트러지지 않게 가지런히 얹으므로 지붕은 더욱 무거워지기 마련이다. 이처럼 무거운 기와지붕을 받치려면 기둥도 그만큼 튼튼해야 하므로 굵은 기둥을 써야 한다. 그리고 튼튼한 기둥을 받치는 주춧돌도 무게가 있어야 하고 흔들리지 않도록 자리를 잘 잡아야 할 것이다. 이와 같이 한 채의 집을 짓더라도 맨 처음 집터를 고르는 일부터 미리 생각하고 계획해야 평생 살 수 있는 튼튼한 집을 지을 수 있는 것이다. 집터를 잡는 과정에서 집의 방향은 어디를 향하고, 방위에 따라 어떤 구조가 어울리는지 요모조모 따지는 일이 그리 간단하지가 않다.

옛날부터 집터를 잡는 방향은 해가 비치는 방향을 중심으로 했다. 남쪽에서 떠오르는 해를 바라보며 집을 앉혔고 대문은 자연스럽게 동쪽을 향하기 마련이었다. 물론 집터는 반반한 곳을 택했으며 집을 세우기 위해 약간 높게 터를 돋우는 것도 잊지 않았다. 그렇다면 조금 패인 곳은 돌과 흙으로 돋아 터를 닦았고, 아주 낮은 곳이면 방위에 맞추어 연못을 파기도 했다. 그뿐만 아니라 조금 부족한 듯하면 담장을 두르거나 그마저 충분하지 않으면 담장 따라 돌을 가져다 놓아 부족함을 채우기도 했다. 물론 집터에 필요한 조건을 충분히 갖추게 하려고 필요한 곳에는 방위에 맞추어 집 주위에 나무를 심는 것까지 생각해 보아야 한다. 이러한 모든 과정은 사람이 사는 집을 마련하는 일이기에 미리 준비해야 하는 것이지만, 그것은 누구에게나 생각처럼 쉬운 일이 아니었다.

예전에는 살림집을 짓고 나면 집안과 집 주위에 알맞은 곳을 골라 나무를 심었다. 나무 가운데에서도 지붕보다 높게 자라는 나무는 마당이나 집 앞에는 잘 심지 않았다. 그것은 당연히 햇빛을 가리기 때문에 그리했을 것이다. 그래서 그런지 울안에는 적어도 몇 그루의 과일나무를 심는 경우가 많았다. 과일나무는 점점 크게 자라면서 정원수의 구실도 했고 또한 실생활에도 도움을 주었다. 집 안팎과 방위 그리고 기후나 지역에 따라 사람들이 즐겨 심는 나무 종류가 서로 달랐다. 예를 들면, 남쪽 지방에서 잘 자라는 대나무는 삼남 지방에서 뒤뜰 울타리로 많이 심었다. 북쪽 지방에서는 뒤란(집 뒤 울타리의 안쪽)에 배나무를 심었으며, 서울에서는 자두나무를 많이 심었다. 이렇게 집 안팎의 빈 공간에 감, 배, 사과, 대추, 앵두, 살구, 복숭아 등의 대표적인 과일나무를 돌아가면서 심었다.

과일나무 가운데 앵두나무는 잔가지로 뻗어나 크게 자라지 않아 집 안에 심기에 적당하며 그 열매도 영양가는 그리 높지 않더라도 별미로 먹을 수 있어 좋다. 대개 여름 과일은 귀한 편이었다. 그래서 여름 과일인 살구나 복숭아는 더운 여름에 톡톡히 제 몫을 했다. 여러 가지 과일나무 중에서도 대추나무, 감나무를 집안에서 가장 많이 심었다. 이 나무들은 자라는 속도가 느리지만 20년쯤 키우면 제법 많이 수확할 수 있어 생활에 큰 보탬이 되었다. 잘 자란 감나무 한 그루에서 감 수십 접(접은 과일 100개를 가리키는 말이다.)을 딸 수 있으며, 커다란 대추나무 한 그루에서도 대추 수십 말을 딸 수 있어 좋았다

물론 이러한 과일은 단순히 간식거리로 끝나지 않았다. 제사상의 필수품이기도 했으며 한약재로도 널리 쓰였다. 대추와 곶감이 빠진 제사상은 격식이 갖추어지지 않은 것이므로 조상에 대한 상상할 수 없는

결례로 여겨졌다. 제사상에는 절대로 복숭아를 올리지 않았다. 왜냐하면 복숭아는 조상의 혼백을 쫓는 의미가 있기 때문이었다. 그래서 복숭아나무는 집안에 심지 않았고 주로 집 바깥에 심었다. 또한 주전부리할 먹을거리가 풍부하지 못한 겨울철에는 곶감과 말린 대추가 훌륭한 영양 공급원이자 별식이 되었다. 더욱이 집 밖 너른 땅에 감나무나 대추나무가 십여 그루만이라도 심어 두면 영양 공급원은 물론 제법 넉넉한 수입을 올려 주는 부가 수입원이 되었기 때문에 웬만하면 과일나무를 많이 심었다.

집 안팎은 물론이고 마을 주위에도 나무를 심었는데, 동서남북 방위에 따라 심는 나무 종류들이 달랐다. 풍수에서는 사방이 청룡, 백호, 주작, 현무 같은 지세를 가져야 좋은 터로 꼽는다. 그런데 이러한 조건을 다 만족시키지 못하는 경우가 많으므로 부족한 조건을 보충하기 위해 각 방위에 맞는 나무를 골라 심었다. 이를테면 동쪽에는 복숭아나무나 버드나무를 심었고, 남쪽에는 매화나무나 대추나무를 심었으며, 서쪽에는 치자나무나 느릅나무를 심었고, 북쪽에는 사과나무와 살구나무를 주로 심었다. 이처럼 방위에 따라 심는 나무 종류가 다른 것은 단순한 미신이나 풍습이 아니라 그 나름대로 합리적이고 실용적인 의미가 있다.

복숭아나무나 버드나무는 아침에 비치는 서늘한 햇빛을 좋아하고 또한 나무줄기가 엉성한 편이어서 그늘이 많이 생기지 않는다. 그래서 해가 뜨는 동쪽에 심어도 괜찮은 나무들이다. 이에 비해 매화나무나 대추나무는 햇빛을 좋아하므로 남쪽에 심어 많은 햇빛을 받도록 해야 한다. 해가 지는 서쪽으로는 넓은 이파리를 가진 나무를 심어 석양의 햇빛을 가리도록 하는 것이 사람들이 살기에 좋다. 그래서 서쪽에는 이러한 목적으로 치자나무나 느릅나무를 심었다. 한편 북쪽은 다른 쪽보다도 훨씬 서늘한 기운이 강하다. 그래서 이러한 조건을 좋아하는 사과나무나 살구나무나 자두나무를 많이 심는다.

오래전부터 사람들은 이처럼 방위에 따라 집 안팎에 심는 나무를 달리함으로써 인공적으로나마 집터의 부족한 자연 조건을 보충하고 개선하려 했다. 집 안팎으로 나무를 심거나 방위에 따라 돌을 놓거나 연못을 파는 등의 일을 풍수에서는 특별히 비보(裨補)라고 부른다. 부족한 부분을 보충함으로써 질서와 안정은 물론 넉넉함까지 갖추게 하자는 뜻이었다. 이 비보 원리는 집터를 정할 때만 적용되는 게 아니라 마을 가꾸기에도 적용된다.

대체로 우리나라 기후는 계절풍의 영향을 받는다. 봄과 여름에는 남동풍이 많이 불고 겨울에는 대륙으로부터 차가운 북서풍이 많이 분다. 따라서 아늑하고 따뜻한 기운이 마을을 감싸도록 원한다면 방위에 따라 심는 나무 종류도 달리 해야 한다. 겨울철에 불어오는 차가운 북서풍을 막으려면 북서쪽에 비교적 큰 나무를 심는 것은 당연한 일이다. 북서쪽에 자리한 키 큰 나무는 겨울 바람만 막아 주는 것이 아니다. 이 큰 나무들은 해질녘까지도 따갑게 내리쬐는 여름철 햇빛과 열기를 막아 주는 역할도 한다. 그러기에 마을의 북서쪽에는 산뽕나무나 느릅나무를 많이 심고 경우에 따라서는 촘촘히 자라는 대나무를 심어 숲을 이루게 했다. 이처럼 옛 사람들이 방향에 따라 다른 종류의 나무를 심은 것에는 깊은 의미가 숨어 있었다. 한 그루 나무를 심더라도 아무 뜻 없이 심은 것이 아니다. 그 속에는 오랫동안 농익어 온 삶의 지혜가 담겨 있다.

옛날이나 지금이나 사람들이 살기 원하는 장소는 한결같다. 왜 그렇게 같을까? 옛 사람들의 해결책과 현대인들의 해결책은 얼마나 다르고 얼마나 같을까? 지금 시대에 되살릴 만한 지혜는 뭘까? 이런 의문이 드는 게 당연한 일일 텐데도 오랫동안 우리는 전통적인 지혜를 무시하고 잊고 살았다. 그러나 요즈음에 이르러 우리 전통과 문화에 관심을 갖고 그 안에 담긴 삶의 지혜를 살펴보려는 시도가 서서히 일고 있다. 이른바 '전통 생태학'이라는 이름의 새로운 연구 노력이 그것이다. 우리 삶의 모습을 새롭게 해석해 보려는 노력이 계속되어 반가운 생각이 든다.

나무를 심는 일은 한두 해로 간단히 끝나는 일이 아니다. 과일을 따먹기 위해서라도 과일나무는 최소한 몇 년은 수고해 키워야 한다. 그뿐만 아니라 바람을 막고 햇빛을 막을 수 있는 제법 큰 나무로 자랄 때까지 보살피고 가꾸어야만 한다. 그래서 나무 심는 마음에는 게으름이 끼어들 틈이 없다. 집안을 위해, 마을 공동체를 위해 아끼고 가꿔야 하는 게 나무들이기 때문이다. 집안 마당에서 자라는 나무들과 마을숲을 이루는 나무들은 마을 사람들에게 게으름에 대한 경고로 비쳤을지도 모른다.

나무 심는 마음에 게으름이 끼어들 틈이 없다고 한다면 무엇이 가득 채우고 있을까? 그것은 자식을 사랑하는 마음이라 할 것이다. 나무를 심는 마음은 자식을 키우는 마음과 하나이기 때문이다. 옛 사람들은 집안에서 딸을 낳으면 울안이나 집 근처 적당한 곳에 오동나무 몇 그루를 심었다. 오동나무는 자라는 속도가 빠르고 벌레가 먹지 않고 또한 가볍기 때문에 가구 재료로 쓰기에 적당하다. 그래서 예쁘게 자란 딸이 시집갈 때쯤이면 오동나무는 장롱을 짤 수 있을 만큼 충분히 크게 자란다. 오동나무는 1년 만 지나도 키가 훌쩍 크지만, 첫해와 두 해 정도는 훌쩍 자란 나무를 아깝더라도 눈 딱 감고 베어내고 다음해 새로 자라도록 키운다. 그동안 자라면서 뿌리가 튼튼해진 오동나무이기에 이듬해에 더욱 크게 자라는 것은 물론이고 마디나 옹이가 없이 쑥쑥 자란다. 이렇게 자란 오동나무로는 장롱 재료로는 더 없이 훌륭한 재목이 된다.

이렇게 우리는 옛날부터 마당에 나무 한 그루 심을 때에도 사람을 생각하고 자연의 순리를 거스르지 않으려 했다. 그러나 요즈음은 시골이나 도시나 많은 이들이 아파트에 살다 보니 나무 한 그루 내 손으로 심고 키우는 즐거움을 잊어버렸다. 그나마 정원에 나무를 심고 가꾸는 사람들조차 사람을 사서 가꾸어 나무 심는 마음을 잊어 가고 있다. 나무 심는 마음의 부지런함과 사랑은 어디 가고 허영과 속물 근성, 그리고 돈 이야기만 남은 것이다.

다행히 뜻 있는 지방 자치 단체에서는 거리의 가로수로 소나무와 과일나무 또는 토종 나무를 심는 일을 지원·권장하고 있다. 어떤 지자체에서 자신이 관리할 가로수를 시민에게 한 그루씩 배정해 주어 나무와 사람 사이의 거리를 좁히려 하고 있다. 물론 그 나무로 딸 예물로 쓸 장롱을 짤 수는 없겠지만, 사람들이 가까운 곳에서 자신의 나무를 기른다는 즐거움을 가질 수 있다면 그것만으로도 큰 보람을 느낄 수 있을 것이다.

집이 살아 숨쉰다

우리 생활은 자연에서 시작되었다. 사람들은 생활에 필요한 모든 것을 자연에서 얻었다. 그리고 거주할 생활의 터전도 자연 속에서 마련했다. 하늘을 나는 새들이 둥지를 마련하듯이 사람들도 비바람을 피하고 휴식을 취하고 생활을 할 터전을 만들었다. 사람들은 흙바닥을 파내고 평평하게 고른 다음에 나뭇가지로 기둥을 세우고 풀잎이나 나뭇잎을 덮어 움집을 짓고 살았다.

이와 같이 사람들은 오래전부터 집을 '짓고' 살았다. 집을 짓는 일은 대단히 중요한 일이었다. 그런데 우리말에서는 옷을 마련하는 것도 '짓다.'이고, 밥을 마련하는 것도 또한 '짓다.'이다. 그뿐만 아니라 곡식을 재배하는 것도 농사를 '짓다.'라고 말한다. '짓다.'는 이렇게 재료를 이용해 어떤 것을 만들거나 마련한다(作)는 뜻을 가지고 있다. '집'이라는 말은 이 '짓다.'가 변해서 만들어졌다. 우리말 '집'에는 고정된 건물, 장소라는 의미보다 이처럼 무언가를 만든다는 동적인 의미가 녹아 있다. 우리는 집 안에서 우리네 삶을 만들어 나가며 여러 가지 삶의 방법을 발전시켰다.

　한반도는 사철의 변화가 뚜렷한 온대 지방에 있다. 그것은 계절에 따른 기후의 변화가 크다는 뜻인데, 그렇다면 이 땅에 세워지는 집은 어떤 모습이라야 가장 알맞은 것일까? 비와 함께 부는 바람, 매서운 추위와 찌는 듯한 더위, 지루하게 계속되는 장마와 목젖까지 태우는 가뭄, 한겨울에 내리는 눈 그리고 해마다 잊지 않고 찾아오는 태풍……. 이러한 환경 변화에 적응하지 못한다면 살아남기조차 어렵다. 그렇다고 이러한 변화를 피해 도망칠 데는 없다. 그러기에 우리 조상들은 이러한 모든 변화를 받아들이면서 정신적, 육체적, 물질적 여유를 확보할 수 있는 공간을 '지어야' 했다. 이 공간에 대한 고민과 적응의 노력이 녹아 들어가 하나의 형태를 이루고 있는 것이 우리네 '집'이다.

　기후의 변화를 이겨 내기 위해서는 집이 막힌 구조로 되지 않고 틈이 있어야 한다. 틈이 있다는 것은 어느 곳이든 꼭 막히지 않아 공기가 드나들 수 있는 여유가 있다는 뜻이다. 이것은 집을 구성하는 모든 부재(部材)들이 마치 살아 숨쉬는 것처럼 필요에 따라 서로를 죄고, 풀고, 밀고, 당기며 집이라는 전체를 이루고 있다는 뜻이다. 우리네 집은 살아 숨쉰다. 이것이야말로 집이 갖추어야 할 가장 중요한 요소이며, 제대로 지어졌는지를 평가하는 기준이 된다. 집이 살아 있는 것처럼 숨을 쉬려면 틈새 사이사이로 바람이 통해야 가능하다. 우리가 사는 대부분의 집들은 통풍을 생각하면서 지었고, 그것이 바로 우리 집들의 두드러진 특징이라고 할 수 있다. 그러기에 사람들은 전통 가옥이 바람을 담고 있다고 표현하기도 한다.

　전통 가옥의 통풍성은 전통 생태학자는 물론이고 현대 건축가들의 각광을 받고 있다. 어떤 연구 결과에 따르면 전통 가옥에서 여름날 한낮에 재어 본 뒤란의 기온은 마당의 기온보다 1~2도가량이 낮다고 한다. 그뿐만 아니라 마당에서 재어 본 한낮의 흙 온도는 기온보다도 9도 정도가 높았으나, 뒤란에서 재어 본 땅의 온도는 기온보다 3도가량만 높은 정도였다. 이러한 구조에서는 마당의 더운 공기가 위로 올라가고 그만큼 나무 그늘에서 식혀진 뒤란의 공기가 마당으로 밀려 들어와 대청마루에 바람이 인다. 우리의 대청마루는 대기의 순환 현상을 이용해 냉방과 통풍을 하는 교묘하고 지혜로운 건축 구조인 셈이다.

그러나 전통 가옥의 대청마루에서 느끼는 바람의 생성 원인을 마당의 더운 공기가 위로 올라간 것만으로 설명하기는 충분하지 않다. 왜냐하면 마당으로 연결된 대문이 열려 있을 때에는 바깥에서 불어오는 바람이 더 강하므로 반드시 시원한 바람이 대청마루로 분다고 하기가 어렵기 때문이다. 그러기에 전통 가옥에서 조사한 온도와 바람 자료가 모든 집에 그대로 적용하기 어렵고, 집집마다 서로 다른 바람을 일으키는 조건을 찾아 설명해야 한다. 이처럼 많은 사람들이 생각하는 전통 가옥의 바람은 경험적으로 느끼는 것과 비슷한 점도 있지만, 바람에 대해서는 보다 정확한 근거 자료를 마련해 종합적으로 살펴보아야 할 여지가 아직 남아 있다.

우리 전통 가옥에서 숨을 쉬는 것은 집만이 아니다. 바람, 돌, 여자가 많다고 해서 '삼다도(三多島)'라 불리는 제주도에서는 바람의 피해로부터 밭의 작물을 지키기 위해 밭 둘레에 돌담을 쌓아올린다. 이 돌담은 물샐틈없이 아귀를 맞추어 쌓아올린 성벽과 달리 튼튼하거나 철저하지도 않다. 다만 엉기성기 쌓아올린 돌담이기에 여기저기 구멍들이 뚫려 있는데도 쉽게 무너지지 않고 용케도 버티고 있다. 바람이 숭숭 들고 빠지는 돌담의 구멍 중 큰 것은 주먹이라도 들락거릴 만하다. 이렇게 엉성하기 짝이 없는 돌담이지만 구멍 사이로 바람이 들고나는 동안에 바람의 강도를 줄여서 비바람의 피해로부터 밭을 온전히 지켜 낼 수 있다. 달리 생각해 보면 빈틈 없이 쌓인 돌담이라면 바람을 온전히 막기야 하겠지만 아주 강한 태풍 앞에서는 무너지고 말 것이다. 그런데 중간중간 구멍이 있으면 바람이 들고나는 만큼 돌담이 숨을 쉴 수 있다. 아주 센 바람은 적당히 약화시키면서 담 또한 억지로 버티다 무너지지 않는다. 들고남의 절묘한 균형과 조화의 원리가 여기 숨어 있다.

바람은 한마디로 공기의 흐름이다. 눈에 보이지 않는 바람은 하루에도 온도의 차이에 따라 바뀌고 지형과 계절에 따라서도 방향이 바뀐다. 한낮의 더위에는 바람이 없더라도 저녁이 되면 시원한 바람이 불어오는데, 살짝 낮은 앞마당으로 조금 높은 뒷마당에서 대청마루를 통해 선선한 바람이 불어오는 것을 느낄 수 있다. 한여름에 마당은 더운 열기로 가득 하더라도 대청마루로는 시원한 바람이 부는 것이다. 대청마루에 앉아 있으면 에어컨 없이도 삼복더위를 이겨 낼 수 있다.

또한 봄철에는 따뜻한 남동풍이 불어오지만 겨울철에는 차가운 북서풍이 매섭게 몰아치기도 한다. 이렇게 불어오는 바람은 자신의 모습을 직접 보이지는 않지만 그 역동성의 증거를 보는 것은 어렵지 않다. 문풍지의 떨림, 맞바람이 스치고 지나가는 넓은 대청마루, 연기가 피어오르는 굴뚝, 꽃 소식을 전하러 담장을 넘어온 남풍, 낙엽이 구르는 앞마당 등 온갖 곳에서 바람의 움직임을 느낄 수 있다. 그러나 무엇보다도 바람이 가장 생생히 나타나는 곳은 단연 처마 밑이라 할 수 있다.

전통 가옥에서 처마는 햇빛이 비치는 공간을 알맞게 조절한다. 한여름의 땡볕을 막아 주는 것은 물론이고 눈과 비를 피해 집 주위를 돌아다닐 수 있는 공간을 마련해 주기도 한다. 뿐만 아니라 집안에 그늘을 드리어 안팎의 온도차를 만들어 공기의 흐름, 즉 바람을 일으킨다. 한낮에 나무 그늘이 시원한 이유도 양지와 응달의 온도차에 따라 시원한 바람이 만들어지기 때문이다. 그리고 처마 밑에 풍경을 달아 두고 바람결에 따라 울리는 청아한 소리를 즐길 수 있는 것도 처마가 만든 바람이 지나가기 때문이다.

흙으로 만든 벽은 흙의 입자들이 만드는 틈 속으로 바람이 들고나므로 환풍기 구실도 해 준다. 그러므로 굳이 문이나 창을 열어 놓지 않아도 서서히 환기가 된다. 옛날 흙집의 벽면을 살펴보면 잘게 갈라진 틈이 보인다. 이러한 틈이 흙벽의 작은 구멍들이다. 겉으로 보기에는 금방이라도 부서질 것 같아 위태로워 보이지만 흙벽은 생각보다도 훨씬 강하다. 황토를 성글게 썬 볏짚과 섞어서 벽돌을 만들어 사용하면 오랜 세월이 지나도 크게 부서지지 않을 만큼 견고하다. 또한 곰팡이가 잘 생기지도 않는다. 요즈음에 지은 시멘트 벽은 숨을 쉴 수가 없어서 장마철을 지나고 나면 축축하게 젖은 벽지에 곰팡이가 피어 방안에 눅눅한 냄새를 풍긴다. 그러나 황토를 이용한 흙벽에서 곰팡이에 대한 염려를 하지 않아도 되는 것은 흙벽이 숨을 쉬기 때문이다.

바람이 잘 통하는 집에서는 열 손실이 많아 겨울에 추울까 걱정하는 사람이 많다. 그러나 사람들이 사는 공간은 어차피 열린 공간일 수밖에 없다. 언제든지 집 안팎으로 드나들며 움직이기 때문이다. 원래 계절 변화에 따른 온도 변화에 적응하지 못하면 몸에 이상이 나타나고 결국에는 살아남기조차 어렵다. 일정한 온도가 유지되는 닫힌 공간에서 언제까지 살아갈 수는 없으므로 누구나 어느 정도의 온도 변화에는 견디는 적응력도 갖추어야 한다. 그런 차원에서 생각한다면 바람을 품은 전통 가옥의 구조는 단점이 아니다. 자연과 더불어 살아가는 사람들은 어느 정도의 온도 변화에 조화롭게 대처하는 생활이 오히려 바람직하다.

우리의 전통 가옥에서는 모든 구조를 바람이 잘 통하도록 배려했다. 바람이 잘 통하는 곳은 막히지 않아 숨을 쉬면서 살아 있는 공간이고 닫혀서 답답하지 않도록 열린 공간이다. 바람이 통하는 곳에서는 습기가 차지 않고 먼지도 쌓이지 않는다. 습기 차고 먼지가 쌓이는 곳은 지저분한 것은 물론이고 여러 종류의 미생물이 번식하기 좋아 병도 많이 발생한다. 우리 조상들은 이처럼 자연과 기후에 알맞게 적응할 수 있는 집을 지어 살면서 열린 마음으로 건강한 생활을 즐긴 셈이다.

우리 조상들은 여유 속에서 멋을 찾고 이를 즐기며 생활했다. 그리하여 생활의 모든 공간은 가두거나 감추지 않아 어둡지도 않았고 모든 것을 있는 그대로 드러내는 열린 마음으로 밝게 생활했다. 그래서 열려 있는 우리의 집은 수시로 변하는 생활을 보여 준다. 우리가 매일 생활하는 방(房)을 보더라도 다양한 모습을 드러내 보인다. 방에 이부자리를 깔면 침실이 되었다가도, 요와 이불을 개어서 장롱에 넣으면 넓은 생활 공간이 펼쳐진다. 여기에 밥상을 펴면 훌륭한 식당으로 변하고, 다시 반짇고리나 화롯불 그리고 인두 같은 것을 들이면 여인의 훌륭한 작업 공간이 마련된다. 그뿐만 아니라 서안(書案)을 펼쳐 놓으면 공부방이 되고 또는 서재가 되기도 한다.

우리 집의 구조에서는 방을 벗어나면 바로 마루가 있다. 마루는 다른 말로 대청이라고도 부르는데 대청은 마루보다도 넓은 공간을 뜻하는 경우가 많다. 대청은 부부가 사용하는 공간과 자녀들이 사용하는 공간을 어느 정도 분리해 주는 기능을 하면서도 또한 이들을 서로 이어주는 기능도 한다. 전통 가옥의 대청은 요즈음 아파트의 거실처럼 가족은 물론이고 손님들과 함께 하는 만남의 공간이다. 안채는 가족 모두가 모이는 생활의 중심 공간으로서, 제사나 생일 행사와 같은 집안의 대소사는 모두가 안채의 대청에서 치러진다. 이렇게 집안의 크고 작은 모든 일들이 안주인의 지휘로 안채에서 이루어지기 마련이다. 그렇기 때문에 우리의 집에서 여성이 홀대되었다고 쉽게 말하기는 어려울 듯하다. 그리고 집안에서 일이 있을 때에는 일가친척과 이웃들도 자리를 같이 해야 하므로 안채의 대청은 넓고, 또한 늘 열려 있다.

대청과 이어져 있는 방문과 창문을 모두 열면 대청마루의 사방이 틔어 시원한 바람이 불어와 무더운 여름을 시원하게 지낼 수 있다. 대청에서 마당 쪽으로는 문을 달지 않고, 마루와 이어진 방문은 들어올릴 수 있도록 만들어 겨울에는 내리고 여름에는 들어올려 마루를 더욱 넓게 만들어 시원함을 즐겼다. 넓은 대청마루에 앉으면 마당이 훤히 내려다보이며 뒤쪽의 바라지문을 통해 뒷마당의 장독대와 뒤뜰도 내다보인다. 사방으로 넓게 트인 대청마루에 시원한 바람이라도 불어오면 더욱 넓은 공간 속에서 자연의 정서를 온몸으로 느낄 수 있다.

우리네 옛 집에는 대청을 비롯해 툇마루, 누마루, 쪽마루 등의 다양한 마루 공간이 있었다. 그래서 마루는 집 전체에서 절반을 넘을 만큼 차지하는 비율이 높았다. 바람을 품으려는 의도도 있었겠지만, 집을 지을 때 설치 및 관리 비용이 많이 드는 구들 공간을 최소화하고, 대신에 비용이 적게 드는 마루를 넓혀 다양한 기능을 소화함으로써 공간 배치의 경제성을 높이려는 의도도 담겨 있다. 비록 좁기는 하더라도 이렇게 마루가 만들어 주는 열린 공간이 많아 좁지 않게 살 수 있다. 대청마루의 천장은 서까래와 흰 벽이 그대로 드러나 보이며 반자(지붕 밑이나 위층 바닥 밑을 평평하게 만들어 치장한 각 방의 천장)를 만들지 않았다. 대청마루를 넓게 쓰는 만큼 또한 높이를 올려 공간을 확장시켰다. 이것은 우리 전통 가옥에서 열려진 공간을 만들어 낸 기술이라 할 수 있다.

    마당 또한 방에 못지않게 훌륭한 변신의 다양성을 보여 준다. 어느 것으로든 바뀔 수 있다는 것은 그 자리가 비어 있을 때에 가능한 일이다. 마당이라는 널찍한 공간은 늘 비어 있기에 필요에 따라 얼마든지 변화가 가능하다. 마당은 아이들의 놀이터가 되는 것은 물론이고, 줄만 하나 치면 빨래 말리는 공간으로 변신한다. 집안의 잔칫날이 되어 차일을 치면 동네 사람들로 떠들썩한 축제의 마당이 된다. 추수를 끝낸 다음에는 곡식의 건조장이 되며, 겨울에는 낟가리(낟알이 붙은 곡식을 그대로 쌓은 더미)가 쌓인 야외 저장소가 된다. 맑은 가을날에는 고추를 말리느라 온 마당이 새빨갛게 칠해지기도 한다. 또한 초가를 이어야 할 때에는 이엉을 엮는 작업장이 되기도 한다. 이처럼 마당은 어떤 특정한 용도로 제한되어 쓰이지 않고 모든 것을 포용할 수 있다는 점에서 융통성의 극치를 보여 준다. 놀이 공간에서 작업장으로, 작업장에서 다시 화합의 장으로 필요할 때마다 순식간에 그 모습을 바꾸며 우리의 살림을 거들어 준다.

    우리네 옛 집의 구조에서 마당은 이렇게 내부 공간이면서 동시에 외부 공간이기도 하다. 그래서 우리 조상들은 마당이라는 외부 공간을 효과적으로 이용함으로써 내부 공간이 좁은 것을 삽시간에 변화시켜 어려움을 해결해 왔다. 더군다나 우리 전통 건물의 정면이 문과 창호로 열려 있고 넓은 마루와 바로 연결될 수 있는 마당이 있었기에 부족한 공간의 확장에 별다른 어려움이 없었다. 더군다나 공간의 확장에 필요한 차일이며 멍석이며 상 같은 소도구는 열린 살림살이에 알맞게 항상 마련되어 있었다.

우리의 생활 속에서는 방 안은 방 안이되 늘 방 안만은 아니고, 바깥은 바깥이되 늘 바깥이어야만 하는 것도 아니었다. 마찬가지로 침실은 늘 침실인 것만도 아니고, 정원도 늘 정원만이 아니었다. 또한 식탁은 쓸 때나 안 쓸 때나 늘 그 자리를 차지해야 한다는 그런 고정 관념이 없었다. 이러한 생각은 집안의 어떤 장소이든지 한 가지 용도로만 고정되지 않아 필요에 따라 얼마든지 바뀔 수 있다는 열린 마음이었기에 가능한 일이었다. 이러한 열린 마음은 마치 이 땅에서 일어나는 자연의 모든 현상이 돌고 도는 순환의 질서에 따라 일어난다는 것을 생활 속으로 끌어들인 것이라고 생각한다. 이를테면 형체를 갖지 않은 보자기가 쓰임새에 따라 그때그때 모양을 바꾸듯 우리 집의 공간은 얼마든지 여러 가지 모습으로 변할 수 있는데, 이것은 우리 집을 살아 숨쉬는 생활 공간으로 보았기에 가능한 것이다. 이러한 공간의 변신은 공간의 활용도를 높일 수 있는 좋은 방법이다. 장기적으로 본다면 이러한 공간의 활용은 자원의 낭비를 막아 주었을 것이다. 요즘처럼 환경과 생태계의 파괴가 큰 문제로 대두되고 자원 절약이 중시되는 때에 있는 공간을 변화시켜 쓸모 있게 사용하는 지혜를 되돌아볼 필요가 있다.

대청에서 마당 쪽으로는 문을 달지 않고, 마루와 이어진 방문은 들어올릴 수 있도록 만들어 여름에는 마루를 더욱 넓게 쓰고 시원함을 즐겼다.

생각만 해도 좋은 집

사람은 누구나 마음속에 집을 품고 있다. 지금 살고 있는 집과 앞으로 살고 싶은 집이 같다면 더 이상 바랄 것이 없다. 그렇지만 사람들은 지금 살고 있는 집보다 조금이라도 더 나은 집을 생각하기 마련이다. 아이들에게 자기가 살고 싶은 집을 그림으로 그려 보라고 하면 여러 가지 재미있는 모양의 집들을 그린다. 가장 많이 그리는 집은 푸른 언덕 위의 이층 양옥집이다. 요즈음에는 숲 근처의 통나무집을 그린 아이들도 더러 있다. 그 아이들은 그림책에서 힌트를 얻었는지도 모른다. 또 어떤 아이들은 고층 아파트를 그린다. 성냥갑 같은 콘크리트 집을 마음에 품고 사는 현대 아이들이 안쓰럽기도 하지만 그게 현실이다.

지금은 나이가 지긋한 어른들이 어렸을 때는 어떤 집을 그렸을까? '근대화', '잘 살아 보세' 따위가 삶의 구호였던 시대인 만큼 아마도 양옥집을 가장 많이 그렸을 터이고, 그다음으로 많이 그렸을 집 모양은 기와집이었을 것이다. 당시 사람들은 대부분 초가집에 살았으니 그보다 조금 더 나은 집을 마음에 품은 것은 당연하리라. 이처럼 사람들이 살고 싶은 집은 시대에 따라 그 모양이 바뀌기 마련이다.

초가집에서 기와집으로 다시 양옥집에서 아파트로, 사는 집의 모양은 바뀌었지만 마음속에 그리는 집은 자기가 살고 있는 집이 아닌 경우가 더 많다. 오히려 요즈음에는 다시 초가집과 기와집을 마음에 품는 사람들이 늘어나고 있다. 서울 도심의 낡은 한옥집을 사 정갈하게 개조하는 붐이 불기도 하고, 시골로 귀향해 이른바 전원 주택이나 별장처럼 집을 짓고 살기를 원하는 사람들이 조금씩 늘고 있다. 그들이 그런 집을 마음에 품은 이유는 몇 가지 있겠지만, 아무래도 맑은 공기 속에서 건강하게 살고 싶다는 것, 외부와 격리된 콘크리트 상자가 아니라 자연을 그대로 받아들일 수 있는 공간의 여유, 즉 마당을 빼놓을 수 없으리라.

나에게도 마음속에 품은 집들이 있다. 항상 찾아가서 살펴보고 들러보고 앉아 보고 싶지만 가까이 있는 것이 아니어서 시간과 여유를 만들고 책상을 박차고 나들이를 떠날 용기를 내야 보러 갈 수 있다. 내 마음속 집들 중 하나가 바로 추사(秋史) 김정희의 생가인 추사고택이다. 지금부터 잠시 추사고택에 다녀온 이야기를 해 보겠다.

며칠 전부터 살며시 불어오는 바람결에 제법 따스한 기운이 느껴지는 이른 봄날이었다. 오래전부터 벼르기만 하던 충청남도 예산의 추사고택 나들이를 이번에는 꼭 실행해 보자고 마음먹고 아침 일찍 길을 나섰다. 이른 봄이기에 아직까지는 낮 시간이 길지 않으므로 아침 일찍 출발하면 그만큼 많은 시간을 갖고 더 많은 것을 볼 수 있으리라 생각해 조금 서두르는 마음으로 집을 나섰다. 특별한 일을 보러 길을 떠나는 것이 아니라 가벼운 생각으로 나들이하는 것인 만큼 급한 마음으로

서둘러 집을 나설 것도 아니었다. 특별히 챙겨야 할 것은 없었지만, 전날 저녁에라도 차분한 마음으로 필요한 것을 미리 챙겨 두었다가 길을 나서면 그만큼 여유가 있어 마음도 한결 가볍다.

출근 차량으로 번잡한 시내 도로를 벗어나 널찍한 고속 도로에서 막히지 않고 제 속도로 달리는 것만으로도 번거로운 일상에서 잠시 벗어나는 즐거움을 느낄 수 있었다. 톨게이트를 벗어나 한적한 지방 도로를 달리는 것 역시 나들이가 또 다른 상쾌함이리라. 넓게 트인 들판을 차를 타고 둘러보는 것도 상쾌하지만, 가지런히 정리된 시골길을 자동차로 달리는 것이 그리 싫지는 않았다. 오래전에 잠깐 둘러보았을 때의 흐릿한 기억으로 더듬어 찾아가는 길이었지만, 제법 넓은 길이며 편하게 닦아 놓은 길만 보더라도 이전에 느꼈던 모습과는 다른 새로운 느낌을 주는 것 같았다.

그렇다면 이 길 끝에 있는 추사고택은 그동안 어떤 모습으로 얼마나 바뀌었는지 궁금해지기 시작했다. 물론 실제로 보기 전에는 알 수 없지만, 사람들이 편하고 쉽게 찾을 수 있도록 다소나마 새롭게 가꾸었으리라. 집 근처에 다다르니 넓게 닦인 주차장이 변덕스러운 나그네를 맞이했다. 주차장에서 추사고택으로 들어가는 길도 편하게 닦여 있었다. 너무 편한 게 아쉬움을 줄 정도였다.

너른 들판에서 잔잔히 밀려오는 시원한 공기를 가슴 깊이 들이마시고 다시 한번 호흡을 가다듬으며 조심조심 대문을 지나 집안으로 들어섰다. 무심결에 마당으로 들어서는 순간, 갑자기 코끝을 스치고 지나가는 진한 향기에 정신이 번쩍 드는 느낌이었다. 봄의 시작을 알리는 매화 향기였다. 마당 가득히 깔려 있는 매화 향기에 취해 발길이 저절로 매화나무를 향했다. 대문 옆에 다소곳이 서 있는 매화나무는 담장 위로 어깨를 내밀고 그다지 화려하지도 않은 흰색의 꽃을 소박한 모습으로 활짝 피어 놓았다. 흰 꽃잎 속에 점점이 붉은 꽃술을 드러낸 하얀 매화꽃은 겉으로 보이는 소박한 모습과는 달리 마당을 가득 채울 정도의 진한 향기를 뿜고 있었다. '아하! 이런 향기에 취해 사람들은 매화나무를 사랑할 수밖에 없는 것이구나.' 하며 다시 한번 가슴 속 깊이 꽃향기를 받아들였다.

이른 봄에 가장 먼저 꽃을 피우고 향기를 내뿜는 매화나무의 이와 같은 매력 때문에 옛사람들은 집안에 매화나무를 한두 그루 심어 놓고 해마다 매화꽃을 마음으로 느끼고 또한 기꺼워했을 것이라는 생각이 들었다. 옛사람들은 한겨울 추위에도 아랑곳하지 않는 세 가지 나무를 세한삼우(歲寒三友)라 해 집안에 심어 놓고 그 꼿꼿한 기상을 아꼈다고 한다. 이 세 가지 나무가 바로 대나무, 소나무 그리고 바로 매화나무다. 한겨울 추위를 이겨 내고 가지에 잎이 돋기도 전에 꽃을 피우는 매화는 옛사람들에게는 더 없는 아름다움과 기쁨을 주었을 것이다. 말로만 전해 듣던 매화의 아름다움과 기상을 전혀 뜻밖의 장소에서 온몸으로 느낄 수 있었다. 담장으로 둘러싸인 집안 그리고 마당을 거닐며 집을 둘러보는 동안 내내 그야말로 진한 매화꽃 향기에 취해 둥실둥실 몸이 떠다니는 느낌이었다.

사람들에게 널리 알려진 추사고택은 추사의 증조부 김한신이 1750년경에 지은 집이다. 김한신은 영조의 딸인 정혜옹주와 결혼한 부마였기에 벼슬을 할 수가 없었다. 대신에 영조가 하사한 예산의 넓은 땅에 집을 짓고 살 수 있었다. 누구라도 왕족과 결혼하면 모든 영화를 누릴 수 있는 것처럼 생각하기 쉽지만, 당시에는 조정에 나가 벼슬을 하지도 못하고 궁궐처럼 집을 짓지도 못했다. 그래서인지 추사고택도 많은 사람들이 아흔아홉 칸의 커다란 집이라고 생각하기 쉬우나 사실은 그 절반 정도에 불과한 크기이다. 그래도 집의 규모와 짜임새를 본다면, 어디에서나 쉽게 찾아보기 어려운 완벽한 사대부 집의 모범적인 형식이다. 이 집은 'ㅁ'자 모양의 안채와 'ㄱ'자 모양의 사랑채를 갖추고 있고, 더욱이 높직한 후원 언덕에 사당이 있고 또한 대문채가 온전하게 보존되어 있으므로 사대부 집의 모습을 살펴보기에도 안성맞춤이다.

추사고택은 들어서는 입구에서부터 사람들에게 특별한 느낌을 전해 준다. 집터가 주변 지형보다 살짝 높고 축대가 높아 웅장한 느낌을 주기 때문이다. 이 축대 위에 추사고택의 마당이 있다. 평지에 집을 지을 때에는 마당보다 높게 집을 짓고자 한두 단 정도 돌을 쌓아 축대를 만든다. 대부분의 경우 축대는 집터를 위한 것이지 마당을 위한 것은 아니다. 그런데 추사고택의 축대는 집터를 위한 것이 아니라 마당을 위한 축대인 점이 아주 특별하다. 그것도 한두 단 정도 쌓은 나지막한 축대가 아니라 서너 단으로 쌓은 제법 높직한 축대이므로 일반적인 집과는 아주 다른 대담한 느낌을 준다.

마당을 위한 축대는 한가운데 서 있는 대문을 중심으로 양쪽으로 펼쳐진 담장까지 죽 이어진다. 축대의 규모는 궁궐이나 사찰처럼 크지는 않지만, 마당을 위한 축대가 있다는 것만으로도 추사고택의 가치나 지위를 느낄 수 있도록 만든다. 축대가 있기 때문에 당연히 대문과 연결되는 통로는 계단으로 이어진다. 추사고택의 돌계단은 화려하고 장엄하지는 않지만 아담하고 정갈하다. 대문까지 이어진 돌계단과 축대는 분명히 일반적인 주택에서 흔하게 볼 수 있는 것은 아니다. 부마의 집이기에 가능한 구조일 것이다.

추사고택의 입구가 일반 집과는 다른 느낌을 준다고는 하지만, 그렇다고 모든 것이 아주 다른 것도 아니다. 대문이란 사람이 들고나는 곳이다. 당연히 사람을 위한 것이기에 들고날 때에 사람들에게 불편함을 주거나 거추장스럽게 만들어서는 곤란하다. 그래서 대문은 아래쪽에 턱을 놓지 않는다. 혹시라도 사람들이 들고나면서 걸려 넘어지지 않도록 배려한 것이리라. 어느 집 대문을 보더라도 문턱을 찾아볼 수 없다. 기와집이거나 초가집이더라도 대문에는 문턱이 없다. 추사고택에서도 이와 마찬가지로 문턱이 없다. 어쩌면 추사고택에 있는 축대와 돌계단이 일반 집과 다른 점이라고 한다면 대문의 턱이 없다는 점은 일반 집과 다르지 않다는 점을 보여 주는 것이라 할 수 있다.

사람들이 자주 드나드는 대문에 문턱이 없는 것은 혹시라도 사람들이 다치지 말라는 배려에서 비롯되었을 것이다. 그런데 집의 후원이나 뒤쪽에 자리한 사당의 문에는 대부분 문턱이 있다. 이와 같은 차이는 무엇인가 특별한 이유가 있을 것이라는 생각이 든다. 아마도 조상을 모시는 사당에 들고날 때에는 모두가 조심스러운 몸가짐을 가지라는 뜻으로 만들었다고 보아도 좋다. 언뜻 생각하면 문에 턱이 있고 없고 하는 차이는 별 것이 아닌 것처럼 보이지만, 그로부터 우러나오는 의미는 생각해 볼수록 여러 가지를 곱씹어 보도록 만든다.

열린 대문을 지나면서 대부분의 사람들은 별다른 생각 없이 지나친다. 그런데 무엇인가 특별한 것을 찾아보려는 마음으로 살펴보면 색다른 것을 발견할 수 있다. 추사고택의 대문을 지나칠 때에도 쉽게 드러나지 않은 자그마한 특징 하나를 찾을 수 있었다. 그것은 대문에 박아 놓은 국화 무늬 장식이었다. 집을 지을 때에 사용하는 재목은 거의 대부분이 소나무이다. 대문도 역시 소나무 판을 이어서 만든다. 나무판을 잇대어 커다란 대문짝을 만들려면 쇠못을 박아야 한다. 대부분의 집에서 대문을 만들 때에는 쇠못을 박아 마무리하는 것으로 끝난다. 그런데 추사고택의 대문에는 국화 무늬 장식으로 마감한 것을 볼 수 있다. 그것도 삼중으로 만든 국화 무늬 장식이다.

국화 무늬 장식은 주로 문고리 받침 장식으로 쓰거나 가구 장식으로 많이 이용한다. 옛날에는 쇠로 만든 장식은 대량 생산되지 않았으므로 거의 대부분 사람이 직접 쇠판을 불에 달궈 두드리면서 펴거나 늘려 만들었다. 그러기에 자그마한 가구 장식 하나라도 만들기 상당히 어려운 물건이었다. 이처럼 집안에서 항상 곁에 놓고 쓰는 가구는 온갖 정성을 다해 만들었고, 여러 가지 장식을 더해 아름다움과 멋을 더했다. 그렇다고 해서 손으로 만들어 멋을 내는 국화무늬 장식은 아무 곳에나 흔히 쓸 수 있는 장식이 아니다.

추사고택의 대문처럼 대문에 박아 놓은 국화 무늬 장식은 쉽게 볼 수 있는 것이 아니다. 그것도 삼중 꽃무늬를 겹쳐 만든 무쇠 장식이기에 더욱 그러하다. 대문에 사용한 무쇠 장식 크기도 가구에 사용한 것보다 아무래도 커야 한다. 대문에 붙어 있는 무쇠 장식을 자세히 살펴보면 여덟 장의 꽃잎이 둥글게 이어진 지름 5센티미터 정도의 장식 위에 또 다시 여덟 장의 꽃잎이 둥글게 연결된 지름 3센티미터 정도의 장식을 덧대고 한가운데 지름 1센티미터 정도인 꽃술 모양의 못을 박아 3중 꽃무늬 장식을 만들었다. 꽃잎 모양을 내기 위해서 이파리 하나하나 뒤에서

추사고택의 대문에 박혀 있는 국화 무늬 장식. 작은 부분에도 관심을 가진 집주인의 안목과 장인의 손길을 느낄 수 있다.

두드려 앞으로 돋아나게 만들었다. 이런 국화 무늬 장식을 대문에 줄줄이 이어 박아 대문을 꾸민 것은 아주 독특한 모습이다.

    삼중의 국화 무늬 장식이 언뜻 보아 쉽게 드러나지 않는 것은 세월의 흐름에 따라 소나무와 무쇠가 비슷한 색깔로 변한 탓도 있겠지만 무엇보다도 장식이 대문과 잘 어울리기 때문이라고 할 수 있다. 게다가 소나무와 무쇠 장식에는 두드러지지 않는 소박한 아름다움이 하나로 녹아 있다고 생각해도 좋을 것이다. 이처럼 대문에 박아 놓은 무쇠 장식 하나에도 겉으로 드러내지 않는 소박한 아름다움이 숨쉬고 있다는 것은 그야말로 바로 우리가 마음으로 느끼고 생각하는 아름다움의 하나라고 할 수 있을 것이다. 그리고 이러한 아름다움이 하나로 모아져 우리가 사는 집을 지었다고 생각할 수 있다.

나무와 흙과 짚의 어우러짐

사람이 살면서 생활하기 위해 지은 집을 '주택'이라고도 하며, 주거라는 말은 사람들이 어떤 곳에 자리 잡고 사는 행위 또는 사람들이 사는 집까지 포함시켜 말하기도 한다. 따라서 주거 공간은 사람이 사는 곳을 중심으로 하는 일정한 범위의 터를 말한다. 집은 사람이 짓지만 그 집은 결국 사람을 지배하기 마련이다. 그래서 좋은 집에서 좋은 자손이 나고 나쁜 집에서 나쁜 자손이 난다는 말이 나왔다. 집이란 좋다고 자주 보거나 싫다고 보지 않는 그림이나 조각 같은 예술품이 아니다. 사람들이 그 안에서 살아가는 공간이므로 싫든 좋든 생활하며 스스로 적응해야 한다. 좋은 집에서 살면 좋은 환경이 만들어지고 불편한 집에서 살면 나쁜 환경에 생활이 힘들게 된다. 따라서 집을 아무렇게나 지을 수 없는 이유가 여기에 있다.

우리의 생활 속에 일어나는 여러 가지 자그마한 것들이 그저 단순한 것만이 아니라 그 속에 담겨 있는 생활의 지혜를 찾아내고 그 이치를 밝혀내면 더욱 새로운 생활의 기쁨을 맛볼 수 있다. 사람이 사는 집이 사람에게 맞아야 살맛이 나기 마련이다. 사람이 사는 집이 답답하다고 느끼게 되면 사람들은 바깥으로 나가기 마련이다. 사람이 집안에서 생활할 때에 아늑한 맛이 우러나야 집을 버리지 않고 동네 사람들도 모이기 마련이다. 겨우 잠만 자고 눈뜨자마자 바깥으로 나가 일하는 사람들에게는 더욱 더 아늑한 집이 필요하다. 오랜 세월이 흐르면서 집 짓는 방법과 재료가 바뀌었지만, 어쨌거나 결국은 우리가 살고 있는 현대의 주거 문화를 주도하는 건축물들은 전통적인 사상과 문화를 현대적으로 되살릴 수 있는 주거 문화 건축이 인기를 끌게 될 것이다.

사대부 집의 대표적인 예로 꼽을 수 있는 추사고택은 근처에 마을이 발달해 있지 않아 외떨어진 기와집으로 보인다. 물론 추사고택 주차장 길 건너에도 한두 집이 있는 것으로 보아 이전에는 그리 넓지 않더라도 자그마한 마을이 있었던 것 같다. 그렇지만 지금은 추사고택을 문화재로 지정하고 정비해서 그런지 다른 집들을 찾아보기 어렵다. 그러기에 마음 한편으로는 홀로 서 있는 추사고택이 외로워 보이기도 한다.

한편 예산의 추사고택에서 그리 멀지 않은 아산에 외암마을이 있다. 외암마을은 민속 마을이다. 외암마을에서는 옛것이 자꾸만 사라져 가는 요즈음에 옛 문화를 체험할 수 있는 기회를 마련해 주고 있다. 이른바 팜 스테이(Farm Stay)라는 전통 마을 체험 프로그램을 운영하고 있는 것이다.

외암마을에서는 기와집과 초가집을 서로 비교해 볼 수 있다. 사람들은 오래전부터 자연에서 쉽게 구할 수 있는 재료로 집을 짓고 살았기에 아무래도 초가집이 기와집보다도 먼저 나타났을 것이다. 기와는 흙을 구워 단단한 그릇이나 가재 도구를 만드는 기술이 등장하기 전에는 사람들이 만들려고 생각하지 못했을 것이고, 경제적 발전 없이는 아무나 만들어 이용하지도 못했을 것이다. 그래서 초가집보다는 늦게 등장했을 것이다.

기와집은 초가집보다 공이 많이 들어간다. 그것도 그런 게 수 톤 규모의 흙과 나무를 지붕에 올리는 구조이기 때문이다. 그래서 옛날이나 지금이나 아무나 짓고 살기 힘들다. 실제로 양반이나 지주처럼 재력이 뒤받침되는 사람들이 기와집에서 살 수 있었다. 일반 백성들이나 양반이라 하더라도 재력이 밑받침되지 않는 이들은 초가집에서 살았다. 엄격한 신분 사회였던 조선 시대지만, 나중에 이르러서는 재산을 모은 중인들도 재력을 바탕으로 기와집을 짓고 살았다.

그렇다고 해서 집 모양에 따라, 사는 사람들의 신분에 따라 행복과 불행을 나눌 수는 없다. 중요한 것은 그 집 안에서 사람이 편안하게 살 수 있어야 한다는 것, 그리고 담장 밖의 사람들과 좋은 인간 관계를 맺으며 살 수 있어야 한다는 것이다.

초가집은 볏짚, 소나무, 흙이라는 세 가지 재료가 한데 어울려 조화를 이룬 것이다. 짚으로 인 지붕은 무게가 가벼우므로 지붕을 받치고 있는 기둥에 그만큼 부담을 덜 준다. 그리고 볏짚은 가볍고 속이 비어서 열을 잘 간직하는 특성을 가진다. 그래서 더운 여름에는 뜨거운 열기를 막아 주고 추운 겨울에는 온기를 간직함으로써 계절에 따라 기후가 크게 바뀌는 우리의 생활에 큰 도움을 준다. 초가집의 지붕을 걷어내고 기와를 올린다고 해서 기와집이 되지는 않는다. 무거운 기와를 이겨 낼 만큼 기둥과 기초가 튼튼해야 하기 때문이다. 그래서 1970년대 주택 개량 사업을 할 때 무거운 기와 대신 가벼운 양기와나 슬레이트로 초가지붕을 바꾸어야 했다.

　초가집에서 볏짚으로 지붕을 덮은 것은 물론 볏짚이 흔했기 때문이기도 했지만, 그보다도 볏짚의 속이 비어 있으므로 가볍고, 단열 효과가 뛰어나며, 또 나락이 달렸던 끝을 아래로 향해 이엉을 깔아 주면 비가 오더라도 물이 쉬이 흘러내려 지붕 재료로는 그만이었기 때문이었다. 볏짚으로 이엉을 짜 지붕을 덮는다고 하더라도 그냥 올려놓은 것은 아니다. 만약에 바람이라도 세게 분다면 이엉이 뒤집히고 바람에 날려 갈 것이다. 그래서 초가집 지붕을 이을 때에는 서까래에 기다란 대나무를 잇대고 중간에 새끼줄을 걸어 지붕을 바둑판 모양으로 눌러 주었다. 요즈음에는 대나무를 구하기 힘들면 서까래에 철사를 걸고 여기에 새끼를 이어 연결하기도 한다. 이처럼 초가지붕을 이는 방법도 언뜻 보아 간단하고 쉬운 것 같지만, 자세히 살펴보면 결코 간단한 기술이 아니라 그 속에는 멋까지 들어 있음을 알 수 있다.

　이전에 이엉을 엮었던 볏짚은 길이가 1미터는 족히 되었기에 이엉은 물론 가마니 짜기에도 좋았다. 이러한 재래종 볏짚은 탄력성까지 있어 세찬 바람에도 살 선니므로 쓰임새가 많았다. 그러나 요즈음 재배되는 벼는 다수확을 위해 키가 작고 줄기가 뻣뻣한 단간종(短幹種)이므로 이런 볏짚으로는 필요한 것을 만들어 쓰기가 어렵다. 더구나 단간종 볏짚은 길고 유연한 재래종 볏짚보다도 실리카 성분이 많아 소들도 먹기를 꺼린다. 요즈음에는 우리나라에서 다수확보다도 맛있는 쌀을 찾는 경향이 커진 만큼 재래종을 비롯한 일반 품종의 벼농사가 더욱 늘고 있으므로 이에 따른 새로운 생물 공학적인 볏짚의 이용도 생각해 볼 만하다.

　우리 주위에 널리 자라고 있는 소나무는 기둥이나 서까래 재목으로 쓰이는데 소나무의 내구성이 다른 목재보다 강하기 때문이다. 소나무의 겉과 속은 모두 섬유소와 리그닌(목질소)으로 구성되어 있기 때문에 연질(軟質)이지만, 그 속심에는 송진이라는 썩지 않는 성분이 들어 있어 이것이 재목을 강하게 해 준다. 그래서 소나무는 비록 겉이 썩더라도 속심은 멀쩡해서 몇 백 년 동안 지붕을 받칠 수 있다. 또 집을 지을 때에는 소나무의 연질이라는 성질도 이용한다. 소나무 목재에 구멍을 파고 서로서로 끼워 맞추면 목재들이 서로 맞물린 채로 밀고 당기면서도 신축성을 발휘하고 비록 한쪽이 틀어져도 쉽게 붕괴되지 않도록 붙들어 준다. 경우에 따라서는 나무못으로 박아 더욱 튼튼하고 신축성도 강해진다. 오래된 집의 지붕이 기우뚱해졌더라도 일시에 넘어지지 않고 서 있는 것도 바로 소나무의 탁월한 성질 덕분이다.

집터를 닦고 주춧돌 위에 기둥을 세우고 들보와 서까래까지 구멍을 깎아 끼워 맞추어 지붕을 완성하고 나면, 그때부터 흙으로 벽을 치는 토역(土役) 작업을 시작한다. 기둥과 기둥, 인방(引枋, 기둥과 기둥 사이 또는 문이나 창의 아래나 위를 가로지르는 나무)과 중인방(中引枋, 벽의 중간 높이에 건너지른 인방) 사이의 빈 공간에 대나무나 수숫대 같은 것으로 만든 중깃, 가시새, 누름발, 선외, 눈외와 같은 것들을 발처럼 잘게 짜서 얽어맨 다음에 흙을 발랐는데, 흙이 잘 말라야 뒤탈이 없으므로 안쪽부터 바르고 안쪽이 어느 정도 마른 다음에 바깥쪽을 마저 발라 벽을 완성했다. 기둥을 집의 뼈대라고 한다면 지붕은 머리 그리고 흙으로 바른 벽은 살이라 할 수 있다. 우리 집에서 벽을 이루고 있는 흙은 살갗처럼 얇게 바른다. 그렇게 얇게 바른 흙벽에는 아주 작은 구멍들과 틈새까지 있으니 아무리 보아도 숨구멍 나 있는 살갗과 너무나 닮았다. 살갗으로 숨을 쉬고 땀을 흘리는 것처럼 우리 흙벽도 살아 숨쉰다.

　흙으로 만든 벽은 숨을 쉬듯 공기를 머금었다 토해 내면서 겨울과 여름에 바깥의 한기와 열기를 막아 준다. 더욱이 흙벽의 바깥쪽을 흰색의 회(석회)로 마감해 주면 보기에도 좋을뿐더러 사람에게 이롭고 지네나 독사 등의 해로운 동물들이 쉽게 접근하지 못하도록 막아 준다. 그리고 흙벽은 시멘트벽보다도 훨씬 부드러워 그릇이나 가구들이 부딪쳐도 잘 깨지거나 부서지지 않는 좋은 점이 있다.

　오늘날 초가가 비능률적이고 불편하다고 사람들이 멀리하면서 점차 초가집은 사라지고 있다. 어쩌다 시골에 한두 채 있기는 하지만 거의 사용하지도 않고, 이제는 민속촌이나 민속 마을에 가야 볼 수 있는 형편이다. 그곳에서도 서너 해 만에 한 번씩 초가를 갈아 주어야 하는데 다수확을 위해 개량한 신품종에서 나온 볏짚은 질기지도 않고 길이도 짧기 때문에 지붕으로 이용하기에 어려움이 많다. 따라서 초가집을 보전하는 것도 큰일이다. 기와집의 경우에는 문제가 더 복잡하다. 그래서인지 기와로 지붕을 덮는 기와집도 갈수록 줄어드는 형편이다. 오래전부터 우리 풍토에 맞게 개발된 전통 가옥들이 이처럼 푸대접을 받는 이유는 무어라 해도 경제성이 떨어지기 때문일 것이다. 그렇다면 이런 문제를 풀기 위해서는 기술을 개선하고 문화를 살리는 방법밖에 없다. 전통적인 생산 방법을 현대화·기계화하면서 기술을 개선하고 우리 풍토에 맞는 집을 지어 경쟁력을 갖추어야 할 것이다.

　우리의 전통적인 생활 속에서 보물처럼 귀하게 여기는 것에는 종이·칠·삼베의 세 가지가 있는데, 이를 일컬어 농가삼보(農家三寶)라고 했다.

오래전부터 우리 풍토에 맞게 개발된 전통 가옥들은 흙과 나무와 돌을 적절히 이용해 우리 생활을 풍요롭게 해 주었다.

그 가운데 종이는 문서나 책을 꾸미는 것만이 아니라 여러 가지 생활 용품이나 건축 재료로까지 다양한 용도로 이용했다. 종이를 만드는 일에는 닥나무 껍질 다루기부터 종이 떠내기, 종이 두께 고르기, 물기 빼기, 종이 다듬기 등의 과정을 거치는데 아흔아홉 번의 손질이 간다고 할 만큼 정성을 다해야 좋은 종이를 얻을 수 있다. 종이를 만들 때, 여러 차례 손질한 닥나무 껍질 용액에 마지막으로 황촉규라는 풀뿌리의 끈끈한 즙을 탄다. 이 황촉규즙은 기온이 올라가면 삭아 버려 끈끈함이 없어지므로 겨울에 종이를 떠야 하는 이유가 된다.

우리 전통 가옥에서 방에 창문을 낼 때에도 바람도 잘 통하면서 햇볕도 많이 받을 수 있는 방법을 찾았다. 이것은 통풍과 보온 효과를 동시에 보고자 한 것이었다. 그래서 창을 내더라도 북쪽으로 난 북창(北窓)보다는 남쪽으로 난 남창(南窓)을 더 많이 냈고 그리고 남창을 더욱 크게 만들었다. 그리고 문에는 유리창 대신 창호지를 이용했는데, 이 역시 독특한 지혜이며 기술이다. 창호지를 바른 문은 방안의 열을 밖으로 쉽게 내보내지 않는다. 겨울에 유리창에 손을 대 보면 너무나 차갑지만, 창호지를 바른 문에 손을 대 보면 따뜻한 기운을 느낄 수 있다. 도대체 구멍이 송송 뚫린 창호지가 무슨 보온 효과를 가지겠느냐고 생각하겠지만 실제로 창호지는 상당한 보온 효과를 가진다는 것이 과학적으로도 밝혀지고 있다. 창호지를 바를 때에 쓰는 풀과 창호지의 섬유질이 결합해 훌륭한 보온 효과를 발휘한다는 것이다. 참고로 우리 문살은 바깥쪽을 향하고 있지만 일본식 문살은 우리와 반대로 안쪽을 향하고 있는 것이 다른 점이다.

또 유리가 아니라 한지로 곱게 바른 우리의 전통 창호는 우리만의 독특한 조명 분위기를 형성한다. 눈부신 햇빛이 창호에 닿기도 전에 벌써 처마 밑을 지나면서 한 차례 빛의 세기가 줄어든다. 더군다나 한풀 꺾인 햇빛이 반투명의 한지를 통과하면서 다시 한번 세기가 줄어들어 방안으로 들어온다. 그래서 사람들은 생활하는 데 아무런 불편 없이 방안에서 햇빛을 이용할 수 있다. 그래서 빛을 반사시키는 유리나 빛을 차단하는 커튼 같은 것을 생각할 필요 조차 없었던 것이다.

이번에는 장판지를 보자. 한지를 여러 겹 붙이고 기름을 먹인 것이 장판지이다. 이 장판지를 방바닥에 깔면 바닥에서 나오는 먼지를 깨끗이 없앨 수 있다. 그만큼 한지를 이용한 장판지와 창호지는 건축 재료로까지 이용된다. 얇은 종이가 최적의 건축재로 활용되는 것이다. 아마도 우리 건축은 한지가 창호와 장판으로 널리 쓰이면서 더욱 발전하고 완성된 것이리라.

이처럼 우리 전통 건축에서 환경 친화적인 건축 개념을 엿볼 수 있다. 자연을 거스르지 않고 환경을 해치지 않는 건축 재료를 사용하고, 환경 친화적인 현대적 건축법을 동원해 집을 지음으로써 자연과의 일체를 도모한 데에서 우리 조상들의 지혜를 느낄 수 있다.

사랑스러운 사랑채

우리 생활 속에서 '사랑'이란 말은 참으로 많이 쓰이고 있다. 전화 번호가 궁금해 114 전화를 걸어도 "사랑합니다. 고객님." 하는 소리를 들을 수 있을 정도이다. (물론 이 말을 들으면 "닭살 돋는다." 하는 사람이 없는 것은 아니겠지만 말이다.) 이처럼 많이 쓰이는 '사랑'이란 말의 뜻은 도대체 어떤 것일까? 간단히 말하자면 우리가 살아가면서 '아끼고, 위하고, 나누고, 베푸는' 등의 그야말로 거의 모든 행동을 통틀어 사랑한다는 말로 표현한다고 해도 그리 틀리지 않는다. 그러기에 사람들은 사랑이라는 말로 모든 대화를 마무리하더라도 모두가 긍정적인 뜻으로 받아들이고 또한 이해한다. 이처럼 사랑이라는 말을 자주 그리고 널리 쓰고 있지만, 사람들이 언뜻 생각하는 사랑에 대한 뜻으로는 남녀간의 사랑이나 부모 자식 사이의 사랑을 떠올리기 마련이다. 그리고 그다음으로 생각하는 것이 있다면 아마도 「사랑방 손님과 어머니」라는 소설 제목에 등장한 '사랑방'일 것이다.

그렇다면 사람들이 생각하는 것처럼 추상 명사로 쓰는 '사랑'이란 말과 집의 일부를 뜻하는 '사랑'은 어떻게 얼마나 다른 것인가? 다른 사람에게 끌려 열렬히 좋아하는 마음을 뜻하는 '사랑'은 순우리말이고 건물의 일부로 안채와 떨어져, 바깥주인이 거처하며 손님을 접대하는 '사랑(舍廊)'은 한자어이다. 주로 바깥주인인 남자들이 거처한다는 데서 이 사랑을 다른 말로는 '외당(外堂)' 또는 '외실(外室)'이라고도 부른다.

집안에서 남자가 머무는 장소가 바로 사랑이므로 부인이 남 앞에서 '자기 남편'을 높여 부르고자 할 때에는 '사랑'이라는 말로 자연스럽게 표현했다. 이와 비슷한 뜻으로 '사랑 양반'은 '남의 남편'을 그의 아내 앞에서 높여 부르는 말로 이용하기도 했다. 이처럼 사랑이라는 말은 사랑채에 머무는 사람이라는 뜻과, 동시에 사랑하는 사람이라는 의미를 한꺼번에 담고 있는 이중의 뜻을 가진 말이라고 할 수 있다.

말 그대로 남자들의 공간인 사랑채는 거의 대부분 안채와 떨어져 있다. 남자와 여자가 일상 생활에서 사회적·공적 활동에 이르기까지 철저하게 분리되어 있던 조선 시대의 엄격한 내외(內外) 문화 속에서 남자들이 대외적인 활동 공간으로 이용하는 곳이기도 하다. 집안 구조에 따라서는 전라남도 구례에 있는 운조루의 경우처럼 안채와 연결된 사랑채가 있기는 하지만, 이 경우도 사랑채가 바깥쪽으로 뻗쳐나가 안채를 보호하는 것처럼 보인다. 이렇게 사랑채는 바깥쪽에 자리하면서 바깥과의 소통을 맡는 역할을 하므로 집안에서도 남자의 역할과 여자의 역할에 맞게 집 구조를 배치한 것으로 생각힐 수 있다.

한 발 더 나아가 사랑채가 지닌 구조적인 특징을 생각해 본다면 사랑채와 안채의 역할 분담은 물론이고 가족들끼리도 서로 존중하면서 각각의 역할을 다 할 것이라는 뜻이 숨어 있다고 하겠다. 남존여비로 대표되는 조선 시대 유교의 영향은 곳곳에 남아 있지만, 사람이 사는 집 구조에서는 '남자는 남자답게 여자는 여자답게' 하는 식의 평등성을 느낄 수도 있다.

우리 전통 가옥 구조에서 보면 안쪽에 자리한 것을 안채라고 한다면 바깥쪽에 자리한 것은 사랑채가 된다. 규모가 큰 집이라면 안채는 물론 사랑채까지도 별도로 마련했겠지만, 규모가 작은 집에서는 사랑채를 따로 짓지 못했을 것이다. 이때에는 어쩔 수 없이 건넌방이 사랑방 역할을 대신했을 것이다. 또한 규모가 아주 큰 집이라면 사랑채는 물론이고 대문에 딸린 행랑채까지도 마련했을 것이다. 요즈음 우리가 사는 집을 살펴보더라도 살림이 넉넉하고 집 규모도 크다면 필요에 따라 몇 개의 방을 마련하고 있다. 예를 들자면 아이들 숫자에 맞추어 방을 마련하는 것은 물론이고 필요하다면 아이들이 함께 공부할 수 있는 공부방도 만들고 또한 형편에 맞게 서재도 마련할 것이다. 그 외에도 드물기는 하지만 만약을 대비해 손님방도 마련해 둘 수 있다.

어른을 모시고 여러 대가 함께 살던 집에서는 필요한 만큼 공간을 나누어 집을 짓고 살았을 것이다. 안채, 뒤채, 바깥채, 사랑채, 행랑채를 비롯해 사당이나 별당 그리고 정자에 이르기까지 여러 채의 집을 짓고 자식들과 며느리 그리고 손자까지 모두 함께 모여 살았을 것이다. 그러다 보니 자연스레 필요한 만큼 공간 분할이 이루어진 경우도 찾아볼 수 있다. 큰아들 집, 작은아들 집 그리고 집안일을 거드는 사람들(이른바 행랑아범이나 행랑어멈)의 집까지 마련했을 것이다. 그런데 이처럼 큰 집에 귀한 손님이라도 찾아온다면 그 손님을 어디에 모셔야 할까? 가까운 집안 사람이라면 모두 함께 지낼 수도 있겠지만, 귀하게 모셔야 할 집안 어른이거나 또는 멀리서 찾아온 귀한 손님이라면 따로 모셔 불편하지 않게 해드려야 할 것이다. 이런 때에 필요한 것이 바로 사랑채이다. 평소에는 사랑채에 바깥주인이 머물다가 손님이 찾아온다면 당연히 사랑채에서 손님을 맞이하고, 또한 손님이 밤을 묵어 가야 한다면 바깥주인과 함께 사랑채에 머무는 것이 당연한 일로 받아들여졌다. 또 남자들은 사랑채에서 책을 읽고 글을 쓰며 그림을 그리거나 악기를 연주하는 등의 여러 가지 활동을 했다.

충청도 아산에 자리한 추사고택의 대문을 들어서면 우선 눈에 들어오는 마당과 아담한 집이 한 채 보인다. 이 집이 바로 추사고택의 사랑채이다. 사랑채는 'ㄱ'자 모양의 남향집이며 앞쪽에는 모란을 심은 작은 화단이 있다. 이 화단 한가운데에는 사람들의 눈길을 끄는 네모난 돌기둥이 세워져 있으며 거기에는 "석년(石年)"이라는 글자가 새겨져 있다. 네모반듯한 돌기둥은 그 위에 추사 선생이 직접 고안하고 제작한 해시계를 올려 놓았던 받침대인데, 그 사실을 아는 사람들에게조차 무엇인가를 한번 더 생각하게 만드는 은유와 재치가 엿보이는 물건이다. 어쩌면 이것은 많은 사람들이 오가는 사랑채 앞마당에 세워 두어 보는 사람들로 하여금 생각의 끈을 놓치지 않게 만들려 한 것일지도 모른다.

사대부 집안의 선비들이라면 유교의 경전을 공부하며 학문을 쌓아 과거에 급제하고 조정에 나아가 나랏일을 하는 것을 최고의 덕목으로 삼았다. 물론 모두가 그런 것이 아니지만 뜻이 있는 학자들이나 나이든 관료들이 나랏일에서 손을 떼고 고향에 머물며 낮에는 일하고 밤에는 책을 읽는 생활을 하기도 했다. 어쨌거나 책을 읽고 공부하는 것은 물론이고 시를 읊고 글씨를 쓰거나 그림을 그리는 등의 모든 일에는 최소한의 도구가 필요하다. 책을 펼쳐 놓는 책상이나 책을 넣어 두는 서장이며 책궤 그리고 문방사우라고 말하는 붓과 종이 그리고 먹과 벼루가 준비되어야 책을 읽고 글을 쓰며 공부하는 데에 도움이 된다. 이렇듯 선비들의 생활에서 필요한 도구들은 모두가 사랑방에 들어 있기 마련이다.

사랑방의 가구는 그 주인의 성격을 그대로 나타내기 마련이다. 추사가 사용한 사랑방 가구는 화려함을 최대한 억제하면서 소박하고도 단아한 아름다움을 보여 준다. 그러한 아름다움은 한눈에 드러나지 않으면서 은은히 풍기는 멋이라고도 할 수 있다. 사랑채를 짓고 사랑방 가구를 건사하는 일이 규모가 큰 사대부 집이 아니고서는 좀처럼 생각하기조차 어려운 일이다. 그래서 사랑방 가구는 일반 백성들의 집에서는 쉽사리 찾아볼 수 없다. 그러기에 지금까지 남아 있는 사랑방 가구는 일반 백성들이 사용한 가구와 달리 그 수가 제한적일 수밖에 없다. 그래서 그런지 경상(經床, 경전을 올려놓는 책상)이나 서안(書案, 책을 두던 책상) 또는 서장(書欌, 책장) 등의 사랑방 가구는 다른 가구에 비해 그만큼 찾아보기도 어렵고 골동품 중에도 상대적으로 비쌀 수밖에 없다. 물론 선비들이 사용했던 가구이기에 너도나도 갖고 싶다고 많은 사람들이 구하는 바람에 이 가구들의 가격이 더욱 올라가는 것도 사랑방 가구들이 귀한 또 한 가지 이유이기도 하다.

어쨌거나 사랑방 가구의 아름다움은, 무어라 해도, 눈에 드러나지 않은 숨은 멋에 있다고 할 것이다. 사랑방 가구들 가운데 어느 한 가지를 보더라도 한결같이 단아한 모습을 갖추고 있는데, 겉으로 튀지 않으면서 한눈에 드러나지 않게 숨은 듯한 간결한 아름다움을 간직하고 있다. 경상만 보더라도 천판(天板, 책상, 상자, 장롱 따위의 위 표면이나 천장에 대는 널)

추사고택의 사랑채 앞에는 모란을 심어 놓은 자그마한 화원이 있어 사랑채에 운치를 더하고 격조를 높인다. 자그마한 돌기둥은 해시계의 받침대이다.

은 평평하면서도 귀 부분을 두루마리 모양으로 살짝 올려서 마감했기 때문에 두르르 말아놓은 편지나 문서가 옆으로 굴러 떨어지는 것을 막았다. 빼고 닫는 경상 서랍의 손잡이 장식이나 앞쪽으로 여닫는 서장 문의 장식도 단순한 고리에 불과한 것이지만, 여러 면으로 다듬어 만든 다면체 꼭지를 붙여 보일 듯 말 듯한 공을 들인 것이 많다.

어디 그뿐인가, 알맞게 비례 배분한 서랍의 각 면마다 바깥쪽을 따라 일정한 간격을 유지한 채로 가느다란 선을 둘러치면서 겉으로 쉽게 드러나지 않는 멋을 부렸다. 천판을 보더라도 아래쪽 모서리를 따라 가늘게 홈을 파 돌리면서 보이지 않게 멋을 부린 것도 모두가 마찬가지이다. 이처럼 그다지 크지 않은 사랑방 가구라 하더라도 숨은 듯 둘러쳐진 선과 드러나지 않게 감추어진 자그마한 장식들이 어우러져 사랑방 가구의 아름다운 멋을 만들고 있다. 좀처럼 겉으로 드러나지 않은 사랑방 가구의 아름다움과 멋은 그야말로 사랑방 주인인 선비가 지향하는 마음의 아름다움과 멋이라고 생각할 수도 있다.

주인 남자의 생활 공간인 사랑스러운 사랑채에서 마당을 가로질러 안채로 눈길을 돌리면 안주인의 손길이 가득 넘치는 아늑한 안채를 살펴볼 수 있다. 가지런히 정리된 안마당과 무한한 변용이 가능한 마루 공간은 물론 안주인의 살림 솜씨를 확실히 엿볼 수 있는 부엌을 포함해서 모두가 안채를 이루는 아름다운 공간들이다. 추사고택의 경우처럼 규모가 큰 집에서는 사랑채를 독립적으로 지었으므로 안채는 문을 통해 드나들 수밖에 없다. 그렇지만 많은 사대부 집에서는 사랑채가 안채와 서로 연결되어 있으면서 사랑채는 바깥쪽을 향해 튀어나와 있는 경우가 더 많다. 이처럼 안채와 사랑채가 서로 붙어 있는 경우에는 안마당을 거쳐 안채로 바로 들어갈 수 있지만, 서로 떨어져 있는 집에서는 안채에서 바깥쪽으로 드나들도록 만든 쪽문을 통해 안채로 들어갈 수도 있다.

옛날 집의 구조를 보더라도 안방과 건넌방은 물론 부엌과 대청마루 그리고 광 등을 고루 갖춘 안채는 사방이 하나로 연결된 'ㅁ'자 모양을 이룰 때에 더욱 아늑한 분위기를 느끼게 한다. 사방이 서로 연결된 'ㅁ'자 모양의 안채이지만, 안채에는 서로 다른 기능을 가진 부분이 하나로 어우러져 있으므로 각각의 부분은 모두 제 나름대로 기능을 발휘할 수 있어야 한다. 그러기 위해서는 안채가 전체로 보아 하나이지만 하나하나의 요소들이 바깥과 쉽게 통할 수 있는 열린 공간으로 남아 있어야 한다. 이처럼 안채의 특징은 모든 요소들이 하나 되는 통합을 이루면서 각 요소들이 맞물려 돌아가는 순환은 물론 안과 바깥으로 드나드는 소통이 원활히 이루어지는 특성을 고루 갖추고 있다. 이것이야말로 우리 옛집이 가지고 있는 구조적인 특징으로 꼽을 수 있다.

아늑한 모습을 하고 있는 안채이지만, 그 내부를 살펴보면 결코 닫힌 공간이 아니라 얼마든지 열면 열리는 개방적인 공간이며 또한 전후좌우에 자리하고 있는 모든 부분들이 서로 통해 있는 것은 물론이고 서로 맞물려 돌아가는 순환의 공간이기도 하다. 자, 그렇다면 안방에서부터 문을 열고 바깥으로 나가 보자. 널찍한 대청마루에서는 안마당을 내려다볼 수 있고, 뒤쪽으로 난 마루문을 열면 시원한 바람이 들어온다. 마루와 연결된 건넌방은 지붕 밑에 마련해 놓은 다락으로 통하며, 아래쪽으로는 물건을 넣어 두는 광과 맞닿아 있다. 안방의 다른 쪽으로는 부엌이 자리를 잡았고, 부엌 위에도 물건을 넣을 수 있는 다락이 있으며, 더 나아가면 곳간이나 문간방으로 연결되어 있다.

이와 같이 안채는 안마당을 중심으로 서로 다른 기능을 가진 공간이 서로 잇닿아 있으면서도 그 하나하나는 문과 창문을 통해 바깥과 소통하고 있다. 그야말로 안채 앞에서는 안채 문을 통해 드나들 수 있으며, 뒤로는 마루문을 통해 그리고 양옆으로는 부엌문과 쪽문을 통해 바깥과 소통하고 있으므로 얼마든지 쉽게 드나들 수 있다. 또한 안채의 모든 공간은 창문과 문으로 시원한 바람과 공기를 받아들일 수 있으므로 모두가 살아 숨쉬는 공간이기도 하다. 전형적인 'ㅁ'자 구조를 하고 있는 추사고택의 안채를 간단히 둘러보아도 이러한 개방과 소통 그리고 연결과 순환의 특징을 고루 갖춘 안채 구조를 한눈에 확인할 수 있다.

　추사고택의 안채 문을 슬며시 밀치고 안마당으로 들어서면 그리 크지 않은 'ㅁ'자 모양의 마당이 보인다. 마당 생김새만 보더라도 금방 'ㅁ'자 모양의 안채 건물을 확인할 수 있다. 더욱이 네 방향에서 안마당으로 내민 안채의 추녀를 맞추어 보면 네모난 코발트색 하늘이 보인다. 추녀 사이로 비치는 하늘에 흰 구름이라도 둥실 떠 있는 모습은 그야말로 한 폭의 그림과 같다고 할 것이다. 네모난 안마당에 떨어지는 빗물이 고이지 않고 빠져나가도록 대문 밑으로 빗물이 빠지는 하수관을 만들어 놓은 지혜도 자세히 살펴보면 볼 수가 있다. 한편 지붕과 추녀로 연결된 안방과 마루 그리고 부엌 위의 다락과 광 그리고 건넌방과 행랑방 등 안채를 꾸미는 모든 공간의 구조와 기능에 대해서는 집 구조에 대한 설명 부분에서 다시 한번 그들만의 독특한 특징을 살펴볼 수 있다. 집안 곳곳의 구조는 나름대로 독특한 특징을 갖추고 있지만, 그 기능과 역할은 제각기 독립적이지 않고 서로가 유기적으로 연결되었다는 점이 우리 집에서 찾아볼 수 있는 전체적인 특징이다.

사랑방 가구들은 한결같이 단아한 모습을 갖추고 있는데, 겉으로 튀지 않으면서도 숨은 듯한 간결한 아름다움을 간직하고 있다. 추사고택의 사랑방 모습.

난방과 취사가 만나는 온돌

사람들이 터를 잡고 한데 모여 살기 시작하면서 집이라는 주거 공간을 마련했다. 사람은 다른 동물처럼 털가죽이나 두꺼운 지방층을 갖추지 않았으므로 추위를 이겨 내기 위해서는 어떻게 해서든지 집을 지어야만 했다. 석기 시대 사람들은 동굴을 집으로 이용했다고는 하지만, 사람들이 살기에 적당한 곳에 항상 동굴이 마련되어 있지는 않았다. 그러기에 사람들은 흙을 파내고 한가운데에 막대를 세워 나뭇가지나 풀잎으로 덮어 비바람을 막은 움집을 짓고 살았다. 물론 이러한 움집은 땅에서 올라오는 지열을 이용할 수 있기에 추위와 비바람을 막을 수 있는 터전이 되었다.

시간이 점점 흐르면서 조금씩 집 짓는 기술도 발전해 사람들은 말뚝을 박는 대신에 기둥을 세웠고 기둥 위에 지붕을 올리기까지 했다. 지역에 따라서는 나뭇가지나 풀잎을 엮어 지붕을 만들었고 돌과 흙으로 벽을 만들기도 했다. 이러한 여러 가지 집 짓는 방법들이 온난한 기후에서 쾌적한 주거 문화로 발전했고 수천 년 동안 이러한 방법들이 이어져 내려왔다. 서울시 강동구 암사동 선사 유적지에는 선사 시대 주거 형태인 원뿔 모양의 움집 아홉 채가 복원되어 있다. 움집은 지상 구조물과 60센티미터 정도 파 내려간 지하 공간으로 이루어져 있다. 살 만한 곳에 자리를 잡고 먹을 것을 구하며 정착 생활을 시작한 당시 사람들이 취사와 난방은 물론이고 조명과 함께 맹수들의 위협에서 벗어나는 방법으로 움집을 지었고, 또한 그 안에서 불을 이용했던 흔적을 엿볼 수 있다.

농경 문화가 본격적으로 시작되면서 움집의 깊이가 얕아지고 벽과 지붕이 완전히 땅 위로 올라왔으며, 바닥은 진흙으로 돋우고 그 위에 짚이나 풀잎을 깔고 살았다. 움집에서는 내부에 화덕 자리를 만들어 난방을 했는데, 난방과 취사용 화로의 수가 몇 개로 늘어났다. 점점 지상 주거로 발전하면서 난방 방식도 변했다. 이때부터 연기가 통하는 길을 마련한 난방법이 이용되기 시작했고 이렇게 나타난 것이 구들 또는 온돌이다. 최근에 영변군 세죽리와 요령성 무순시 연화보 유적 등에서 고조선 시기의 온돌 유적이 발견되어 당시 난방 상황을 엿볼 수 있다. 이것은 이제까지 온돌의 기원을 고구려로 보아 온 학설을 훨씬 앞당기는 의미 있는 발굴 성과이다. 더욱이 삼국 시대에 이르러 완전한 목조 건물의 형태가 완성되었는데, 기와로 지붕을 이었고, 부엌과 마구간, 창고 등이 마련되어 주거 형태가 더욱 분화되었고 발전된 사실을 알 수 있다.

우리나라의 기후는 여름에는 덥고 비가 많으며, 겨울은 춥고 건조한 특징을 보인다. 따라서 여름에는 불쾌지수가 높고 겨울에는 살을 에는 추운 날씨가 이어지므로 이에 맞추어 주거 형태와 난방법이 발전했다. 넓은 강토를 가졌던 고구려에서는 추운 겨울을 이겨 내는 방법으로 온돌과 장갱(長坑)을 발전시켰는데, 그것이 우리나라 주거 형태에서 기본적인 난방법으로 널리 퍼지게 되었다. 고구려 시대 유적에서 확인되는 초기의 온돌은 방바닥 일부에 하나 아니면 두 개 고래를 벽을 따라 놓은 부분 온돌이 중심이었다. 당시의 온돌에서도 고래 위에 구들장을 깔았고 그 위에 진흙을 발라 방바닥을 만들었다. 온돌의 높이는 20~25센티미터 정도로 낮았고, 벽을 따라 'ㄱ'자로 꺾이는 형태가 일반적이었으며, 아궁이는 실내에 두었으나 굴뚝은 바깥으로 낸 모습이 대부분이다.

한편 남쪽에서는 여름철 더위를 피하기 위해 바람이 잘 통하는 마루라는 주거 형태가 발전되었다. 이러한 마루가 조금씩 북쪽으로 올라가면서 북쪽 지방에서 발전한 온돌과 만나게 되었다. 그리하여 우리나라에서는 마루와 온돌이 한데 어울린 독특한 한국적인 주거 형태가 만들어졌다. 그리고 이러한 복합적인 주거 형태가 오랫동안 여름철 더위와 겨울철 추위를 이겨 내는 방법으로 지역에 맞는 독특한 주거 형태로 발전했다. 다시 말하면 남쪽에서 발달한 마루 구조와 북쪽에서 시작된 온돌이 중부 지방에서 만나 온돌과 마루가 만나는 새로운 주거 형식이 나타났는데, 이러한 만남은 고려 시대에 나타난 기록으로도 확인해 볼 수 있다. 이러한 온돌은 고려 시대를 거쳐 조선 전기에 이르러 전국으로 퍼지기 시작했다.

온돌이라는 말도 조선 초기부터 사용되었으며 구들을 놓은 방 전체를 온돌방이라 불렀다. 구들은 '구운 돌'이라는 뜻의 순수한 우리말이다. 아궁이에 불을 지피면 불기운이 방밑의 고래를 따라 지나가면서 방바닥 전체를 데우는 난방 장치이다. 그리고 온돌의 발달은 온돌방을 마감하는 장판의 발달로까지 이어지게 되었다. 특히 영조 때에는 장판을 만드는 여러 가지 방법이 널리 이용되었다. 그렇지만 서민들의 생활은 조선 시대에 들어서도 크게 나아진 것이 없이 대부분 초가에서 온돌이 깔린 흙바닥에 짚이나 풀로 엮은 자리를 깔고 생활했던 그대로 지속되었다. 특히 서민들의 주거 형태는 그때까지 에너지원으로 이용된 나무 땔감과 숯이 큰 영향을 미쳤다. 그러다가 1945년 이후부터 서양 문물과 함께 들어온 연료들과 그 이용 방법에 따라 주택의 모습이 크게 바뀌었다.

우선 산림의 녹지화를 위해서 나무 땔감의 사용을 제한했고, 이에 따라 주요 에너지원으로 석탄이 그 자리를 대신했다. 석탄을 원료로 일반 가정에서는 19공탄, 29공탄 등의 가정용 연탄을 만들어 사용하면서 집집마다 아궁이는 연탄 아궁이로 바뀌었다. 뒤이어 주택의 개량 사업에 따라 부엌 바닥을 높이면서 석유를 취사용으로 널리 사용하기 시작했다. 한동안 연탄은 난방용으로 쓰이고 석유는 취사용으로 나누어 사용하다가, 취사용으로 가스의 사용이 일반화되면서 석유는 주로 난방용으로 쓰이게 되었다. 물론 요즈음에도 집의 구조와 형편에 맞추어 연탄과 석유, 가스 그리고 전기는 물론이고 폐열을 이용한 지역 난방이라는 새로운 에너지의 이용법이 취사 및 난방용으로 이용되고 있다.

우리나라에서는 1960년대부터 경제 개발 5개년 계획을 시행했다. 경제 개발 과정에서 에너지 활용 문제는 대단히 중요한 문제였다. 나라에서는 특별히 산림 자원을 보호하고자 가정에서의 연탄 사용을 권장했다. 그러자 연탄 사용이 늘면서 해마다 겨울철이면 연탄 가스 사고로 많은 사람들이 생명을 잃었고, 다행히 목숨을 건졌다 하더라도 정신적 육체적인 후유증으로 평생토록 고생하는 사람들도 있었다. 그러나 요즈음에는 도시나 농촌의 많은 가정에서 도시 가스나 액체 프로판 가스(liquid popane gas, LPG)로 연탄을 대체하여 사용하므로 연탄 가스의 피해는 거의 없다. 천연 가스나 LPG 가스는 청정 연료이기 때문에 연소 효율이 높고 필요한 때에만 간편하게 사용할 수 있다. 연료가 완전 연소를 하면 이산화탄소와 물이 생긴다. 길을 가다가 자동차의 배기관에서 물이 떨어지는 모습을 볼 수 있는데, 이 역시 연료가 완전 연소하면서 나타나는 현상이기 때문에 놀랄 일은 아니다.

도시 가스나 LPG 가스에 비해 연탄은 하루 24시간 내내 불을 피워 놓아야 하는 어려움이 있다. 도시 가스와 연탄의 사용에서 한 가지 흥미로운 차이가 있다. 특별히 연탄을 사용할 때에 불을 붙이는 시작 무렵에는 충분한 연소가 이루어지지 않으므로 일산화탄소를 비롯해 아황산가스, 아질산가스(이산화질소) 등의 유해 가스가 조금씩 나오기 마련이다. 이러한 유해 가스는 물론 사람에게 피해를 줄 뿐만 아니라, 집안에서 사람들과 함께 살고 있는 많은 해충들에게 치명적인 해를 끼쳐 이들을 죽인다. 따라서 연탄을 가정 연료로 사용하던 때에는 집안에 개미나 바퀴벌레, 빈대, 벼룩, 등의 해충이 적었지만, 요즈음에는 가정에서 연탄을 거의 사용하지 않으므로 바퀴벌레는 물론 개미나 심지어는 쥐까지도 극성을 부리는 경우가 많이 있다. 한 가지 흥미로운 사실은 집안에 개미와 바퀴벌레가 대부분 함께 살지 않는다는 점이다. 생태적으로 개미는 집단 생활을 하면서 바퀴벌레마저 먹이로 삼기에 이들이 한 장소에서 서로 공존하는 법이 거의 없기 때문이다.

"등 따습고 배부르면, 정승 판서 부러울 게 없다."라는 말이 있다. 삶의 여유를 느낄 수 있는 최소한의 조건으로 배불리 먹고 따뜻한 방에 드러누울 수 있기를 바라는 소박한 마음이다. 배불리 먹는 것이야 누구든지 할 수 있는 것이지만, '등 따스함'은 아무나 할 수 있는 일이 아니다. 따끈따끈한 온돌방에 드러눕는 맛은 한국인이어야만 누릴 수 있는 즐거움이기 때문이다. 그렇지만 우리는 온돌방과 이어진 부뚜막과 아궁이 없이는 밥을 지어 먹을 수 없기에 배부르고 등 따스함이 모두 구들이 있어야만 가능한 일이다.

구들은 온돌의 다른 말로 불 때는 아궁이와 불길이 지나는 고래 그리고 그 덮개인 구들장으로 이루어진다. 구들장 위는 흙으로 마감하여 방바닥을 만들거나 마루를 깔기도 한다. 그래서 구들은 불을 때고 불기가 흐르고 또한 열기를 보관하는 다용도, 다목적의 연소 및 난방 시설이다. 구들에서 열 손실을 막고, 불기를 보관하고 연기를 뽑기까지 가장 중요한 것은 불길이 지나는 고래의 역할이다. 장작을 지피면 불길이 아궁이의 불목(부뚜막 바로 안에 불을 맞는 곳)에서부터 부너미(부넘기라고도 하며, 아궁이에서 구들로 들어오는 열기 통로이다.)를 거쳐 방바닥 밑에 깔린 고래를 통해 고루 퍼지고 굴뚝까지 이끌어간다.

고래가 놓인 방향에 따라 줄고래, 부채고래, 맞선고래, 굽은고래로 나뉘는데, 집의 구조와 굴뚝의 위치에 따라 형편에 맞게 고래를 놓는다. 고래의 뒤쪽에 붙은 도랑은 불기운이 마지막으로 모이는 곳으로 특별히 '개자리'라고 부른다. 다른 부분보다도 깊게 파서 불기를 담아 저장 효과를 높인다. 또한 굴뚝 바로 아래 깊게 패인 곳은 '굴뚝개자리'로 연기가 넘어가는 관문 노릇을 하고 있다. 이러한 구들의 구조는 오랜 시간 동안 생활에 맞추어 발전시킨 것이지만 그 속에 깃들어 있는 과학성은 사뭇 구들의 특징을 돋보이게 하고 있다.

온돌의 원리는 열의 전도를 이용한 복사 난방 방식의 일종이다. 온돌 난방은 방바닥을 데우기 때문에 습기가 차지 않고 더구나 화재 위험이 전혀 없다. 그리고 라디에이터를 이용한 측면 난방보다도 대류 현상이 좋으므로 방안의 공기를 쉽게 골고루 데울 수 있다. 대류 난방은 더운 공기가 천장에 머물다가 바깥으로 빠져나가고, 방열 부위의 온도가 높더라도 빠르게 위로 올라가므로 방안의 공기가 골고루 따뜻해지기 어렵다. 사람이 서 있으면 머리는 더운데 발이 시릴 정도이다. 그렇지만 온돌방에서는 바닥으로부터 천장에 이르기까지 모든 공간의 온도가 대체로 일정하게 유지되므로 건강에도 바람직하다.

복사 난방법인 온돌은 벽면에 세워 두어야 하는 라디에이터의 자리를 효과적으로 이용할 수 있다. 또한 따뜻한 방바닥에 살갗을 대고 생활해야 하므로 신발을 벗어야 하고 무엇보다도 바닥을 깨끗하게 관리하여 위생적이기도 한다. 마지막으로 따뜻한 온돌방에 등을 댄 채로 잠을 자고 나면 몸이 거뜬해져 기분이 좋다. 쇠붙이로 만든 라디에이터를 달구는 것이 아니라 돌로 된 구들장을 달구고 황토를 바른 방바닥을 데운 것이므로 황토를 이용한 찜질 효과를 얻을 수 있기 때문이다.

온돌 난방법이 모든 점에서 효과적인 것은 아니다. 온돌을 이용한 방안의 온도가 쾌적하게 유지되기는 하지만 아궁이와 굴뚝으로 사라지는 열량이 많은 것이 가장 커다란 단점으로 지적된다. 온돌에서 실제로 이용되는 열효율은 30퍼센트 정도에 불과하다고 한다. 따라서 난방만 할 때 나타나는 비효율성을 보완하기 위해서 취사와 조리를 함께하는 방법을 고안했다. 이렇게 난방과 취사를 동시에 해결하여 이중 효과를 얻도록 한 것은 바로 우리 선인들의 지혜라고 할 수 있다.

온돌 가운데에서도 가장 뛰어난 난방 효과를 가진 곳이 있다. 지리산 반야봉의 칠불암에 있는 아자방(亞字房)의 온돌을 꼽는다. 이곳에 한번 불을 지피면 따뜻한 온기가 49일이나 지속되었다는 이야기가 전한다. 아쉽게도 이 아자방은 한국 전쟁 때에 폭격으로 파괴되었다가 1982년에 복원되었는데, 온돌 밑에 15~20센티미터 정도의 강회다짐이 있어 보온층을 만드는 것으로 보인다. 복원한 아자방은 전설처럼 오랫동안 온기가 지속되지는 않지만, 한번 불을 지피면 봄·가을에는 일주일 정도, 추운 겨울에도 사나흘 정도는 따뜻하다고 한다.

온돌방으로 들기 전에 오르게 되는 마루에서는 반드시 신발을 벗어야만 한다. 우리 문화를 직접 체험해 보고자 하회마을을 방문한 영국의 엘리자베스 여왕이 세계의 매스컴 앞에서 신발을 벗고 마루에 올랐던 광경은 사람들의 기억에 오래도록 남아 있을 것이다. 누구나 신발을 벗고 올라야 하는 마룻바닥은 예나 지금이나 늘 걸레질을 해 반질반질한 상태를 유지하고 있다. 또한 방바닥에는 장판지를 깔아 먼지가 일지 않도록 하여 뜨거운 구들장을 직접 접하고 온기를 느낄 수 있도록 했다. 아궁이에서 가까운 아랫목은 따뜻했기에 어른들의 차지가 되었고, 윗목은 아이들 차지이거나 가구들을 놓아 두었다. 그리고 가구는 좌식 생활에 맞추어 장만했고 또한 방안의 아늑한 분위기와 잘 어울리도록 단아한 형태와 크기를 갖추게 되어 우리만이 가진 독특한 가구(家具) 문화를 만들어 냈다.

음식도 뜨거운 것을 좋아하는 우리나라 사람들은 뜨거운 방바닥을 싫어할 리가 없다. 따끈한 아랫목의 온기를 온몸으로 느끼며 옹기종기 식구들이 둘러앉아 정담을 나누는 온돌 생활을 즐기고 있다. 이렇게 뜨거운 방바닥을 좋아했기에 침대 같은 것은 생각할 필요조차 없다. 바닥에 요를 깔고 이불을 덮고 잠을 잤다. 그러다 보니 자연스럽게 식구들끼리 몸과 몸이 부딪히는 경우가 잦았고, 그것은 가슴으로 느끼는 스킨십을 높였고, 더 나아가 '한솥밥'이란 말로 표현되는 가족 간의 끈끈한 유대감을 더욱 강하게 만들었다. 우리가 오래전부터 사용해 온 온돌의 장점은 난방뿐만 아니라 생활 속에서 가족의 화합을 지켜주는 구심점이 된다는 것이 이미 과학적으로나 경험적으로 잘 알려져 있다.

이렇게 오랫동안 이용해 온 온돌 난방의 장점을 따와서 대부분의 아파트에서는 방마다 온수 파이프를 통해 바닥을 데우는 온돌 보일러를 이용하고 있다. 비록 돌구들도 깔지 않고 그 위에 황토를 덮지도 않았지만 따끈따끈한 방바닥을 만들어 생활하며 건강과 문화를 지키고 있다. 최근에는 온돌 난방을 더욱 발전시켜 황토방과 흙침대까지도 상품으로 만든 걸 보면 온돌은 우리 생활 속에 여전히 살아 숨쉬고 있다고 할 것이다.

부엌에는 신(神)이 사신다

한여름 무더위가 수그러들고 아침저녁으로 찬바람이 불어오던 때였다. 자동차를 타고서 어떤 호텔 건물 앞을 지나다 보니 하수구에서 연기가 모락모락 올라오는 것이 보였다. 언뜻 생각에 호텔 사우나에서 나온 더운물이 하수구로 흘러 들어가 생기는 것이구나 생각했다. 그런데 호텔 앞을 지나 골목길로 접어드는 하수구에서 몇 사람이 작업을 하고 있었다. 연막 소독기를 가동하고서 주둥이를 하수구에 대고 소독 연기를 뿜어대는 것이었다. 그러다 보니 길게 이어진 하수구를 타고 흘러 들어간 소독 연기가 다른 하수구 구멍으로 모락모락 올라오는 것이었다. 그것도 소독기에 가까운 구멍에서는 연기가 많이 올라오지만 멀리 떨어진 구멍에서는 그리 많지 않은 연기가 모락모락 올라오는 것이었다. 이처럼 하수구 구멍에서 연기가 올라오는 모양은 마치 뜨거운 김이 올라오는 모습과 너무나 비슷해 사람들이 착각하기 충분했다.

소독 연기가 올라오는 모습을 지나치고 곰곰이 생각해 보니 어디에선가 이와 비슷하게 연기가 모락모락 올라오는 모습을 본 것만 같다.

그렇다. 옛날 시골집에서 살 때에는 집안 곳곳에 이런 연기가 올라오는 모습을 볼 수 있었다. 부엌에서 불을 때면 연기가 굴뚝으로만 빠져나가는 것이 아니라 마루 밑에서도 연기가 피어올랐고 댓돌이 놓인 봉당 아래 돌 틈새로도 연기가 뭉글뭉글 빠져나왔다. 아마도 구들을 놓을 때 고래에 생긴 틈이나 아니면 오래전에 구들을 놓았기에 벌어진 틈새로 연기가 빠져나왔을 것이다. 그런데 그때 어른들은 이것을 전혀 개의치 않았다. 굴뚝으로 빠져나가야 하는 연기가 이리저리 흩어지더라도 고래와 굴뚝을 손보아 연기를 모으려 하지 않고 그냥 내버려 두었다.

아침저녁으로 밥 지을 무렵이면 집안 곳곳에서 빠져나오는 연기 때문에 조금 있으면 밥을 먹을 수 있게 되겠구나 누구나 말을 하지 않아도 온몸으로 느낄 수 있었다. 밥 짓는 연기는 어느 한 집에서만 나오는 것이 아니라 집집마다 피어올라 동네 전체에 퍼지기 마련이었으므로 마을 사람들 모두가 밥 때가 된 것을 느낄 수 있었다. 마을 안에 있을 때에는 연기에 묻혀 잘 느낄 수 없겠지만, 들에서 일을 마치고 어둑해질 무렵 마을로 들어설 때에는 마을 안에 가득 퍼진 연기 냄새를 금방 느낄 수 있다. 어디 그뿐인가. 저녁 무렵 멀리서 마을 보면 마을 위에 퍼져 있는 연기를 볼 수 있다. 이것을 우리는 이내(해 질 무렵 멀리 보이는 푸르스름하고 흐릿한 기운)라고 부르는데, 아침저녁으로 피어오르는 안개와 함께 밥짓는 연기가 어우러진 모습은 언제 보아도 정답게 살아가는 마을 모습을 떠올리게 만든다.

주거 공간에서 부엌은 대체로 안방과 마루 그리고 건넌방 또는 사랑방 사이, 집의 한가운데 자리하고 있다. 대문의 위치와 방향이 정해진 것처럼 집안에서 부엌의 위치와 방향도 거의 정해져 있다. 집의 중심축을 남쪽으로 잡고 문을 동쪽으로 내는 관습이 현대 아파트 건축에서도 기본적인 지침으로 지금까지 이어져 오고 있다는 것처럼 부엌을 집의 중심에 두는 지침도 여전히 이어지고 있다. 아마 이것은 문화, 건축 기술, 주부의 동선을 모두 고려한 결과일 것이다. 그리고 부엌은 무엇보다도 음식을 조리하는 중요한 공간이다. 인류학적 연구에 따르면 음식을 함께 먹는 데에서 가정 내 권력 관계가 형성된다고 했다. 당연히 집안 살림의 주관자인 안주인의 부엌이 집의 중심에 위치하는 것이다. 그래서 부엌은 의·식·주를 중심으로 하는 생활 문화가 모두 모여 있는 곳이라 할 수 있다.

부엌은 단순히 음식을 조리하는 공간이라기보다 건강한 생활이 시작되는 터전이라고 보아야 한다. 따라서 음식을 조리하는 공간인 부엌은 깨끗하고 정갈해야 한다. 그리고 주부가 효율적으로 작업할 수 있어야 한다. 그래서 오래전부터 부엌을 어디다 둘지, 어떻게 만들어야 할지, 부엌에서는 어떻게 해야 하는지 정해 놓은 일정한 규범을 만들어 따라왔다.

우선 부엌은 안방과 건넌방 그리고 사랑방까지도 쉽게 연결할 수 있는 중간쯤에 자리 잡기 마련이다. 'ㅡ'자 모양 집이건 'ㄱ'자 모양 집이건 또는 'ㅁ'자 모양 집이건 어떤 형태의 집에서도 부엌의 위치는 집안 중간에 자리하고 있다. 이렇게 해야 부엌은 자연스럽게 안채와 사랑채를 연결할 수 있는 공간에 자리하게 된다. 물론 부엌 문의 방향도 이에 맞추어 자연스럽게 남쪽이나 동쪽을 향하게 된다.

또 부엌은 음식을 조리하는 공간이므로 무엇보다도 정갈하게 유지되어야 한다. 우리 주거 형태에서 난방 기능과 조리 기능을 한꺼번에 가지고 있는 부엌의 아궁이는 먼지나 티끌이 일지 않도록 관리되었다. 우리는 오랫동안 나뭇가지를 땔감으로 사용했기 때문에 조금만 잘못 관리하면 부엌에 재가 날리기 쉽다. 타고남은 재에서는 미생물이 번식하지는 않지만, 음식에 재가 내려앉지 않도록 여러모로 조심했다. "다 된 밥에 재 뿌린다."라는 속담에서 짐작할 수 있듯이 아궁이의 재는 요주의 대상이었다. 이 정도로 아궁이의 재는 철저히 관리했다.

 아궁이에서 불을 지폈을 때 나오는 열기와 증기는 자연스럽게 부엌 안에 있을 법한 미생물들을 살균하는 효과를 더욱 높여 주었다. 뿐만 아니라 솔가지를 태울 때 나오는 매운 연기는 눈물을 흘리게 만들지만 바람을 타고 부엌으로 흘러 들어오는 여러 가지 미생물들을 죽이는 효과를 가지고 있다. 아궁이 앞에 쪼그리고 앉아 불을 지피는 어머니의 모습은 언뜻 보아 매우 불편해 보인다. 그런데 의외로 아궁이 앞에서 열기를 쬐는 것이 여성들에게 나타날 수 있는 염증이나 질병을 막아 주는 살균 효과가 있다고 한다.

 또 부엌에서는 옷매무새도 신경 써야 했다. 부엌에서 조리할 때에는 앞치마를 두른 것은 물론이고 수건을 머리에 돌돌 감아올려 머리카락 한 올도 음식에 들어가지 않도록 힘썼다. 그릇이나 행주는 물론이고, 부엌에서 사용하는 칼이며 도마까지 수시로 햇볕에 말려 소독하고 갈무리했다. 부엌의 물항아리와 물동이도 정갈하게 갈무리하는 것은 조리하기 전의 기본 조건이다. 물항아리는 항상 뚜껑을 덮어 먼지가 들어가지 않게 조심했고, 설거지며 음식 재료를 다듬을 때 쓰이는 물동이나 함지 같은 그릇들은 쓰고 난 다음에는 언제나 깨끗이 닦아 엎어 두었다. 그리고 아궁이에 걸려 있는 가마솥은 그대로 내버려두지 않고 항상 깨끗이 닦고 돼지기름이나 쇠기름으로 마무리해 반들반들 윤기가 흐르도록 관리했다. 부엌이 항상 정갈하게 유지되는 집안에서는 음식 또한 정성을 기울이게 되어 깊은 맛이 우러나오기 마련이다. 그래서 옛날부터 집안에 며느리를 들이기 전에는 먼저 신부가 되는 집안의 부엌과 장독대를 비롯한 집안의 살림을 눈여겨 살펴보았다고 한다.

부엌에서는 위생은 물론이고 몸가짐과 마음가짐까지도 흐트러지지 않도록 조심했다. 안주인의 음식 솜씨는 아무래도 마음가짐으로부터 우러나오는 정성이 한몫을 한다고 생각했기 때문이다. 음식 솜씨는 할머니로부터 어머니에게로 그리고 딸에게로 계승되는 것이다. 물론 시어머니로부터 며느리에게 대물림하는 경우도 많다. 그래서 우리 어머니들은 특별한 배움이 없더라도 항상 정갈한 마음가짐과 몸가짐을 가졌고 거기에서 우러나온 큰 사랑을 우리에게 보여 주었다. 바깥에서 놀다가 집에 돌아오는 어린이들이 자연스럽게 발길이 향하는 곳은 부엌이다. 항상 부엌에는 배의 허기와 마음을 채워 주는 어머니가 있기 때문이다. 물에 젖은 손을 앞치마로 훔치며 부엌에서 나와서는, 눈물과 콧물로 범벅이 된 아이의 얼굴을 저고리 옷고름으로 닦아 주고, 언 손을 덥석 잡아 따뜻하게 비벼 주며 아궁이 불로 녹이게 하고는 누룽지라도 한 조각 쥐어 주는 어머니의 사랑을 부엌보다 더 생생하게 느낄 수 있는 곳이 있을까.

부엌에서는 해서는 안 될 몇 가지 행동들이 있다. 부뚜막에 걸터앉거나 부엌에서 발을 비비거나 부엌의 문지방을 밟는 등의 어지러운 행동은 절대로 허락되지 않는다. 철모르는 어린이들이 무심코 한 행동이더라도 따끔하게 가르쳐 다시는 못 하게 했다. 부엌에서 함부로 움직이면 정갈하게 마련한 음식을 망칠 수도 있었고, 온갖 부정한 것들이 신발에 묻어 들어올 수 있다고 여겼기 때문이다.

심지어는 아궁이에 불을 지필 때에는 욕하는 것도 금했다. 부엌에는 조왕신(竈王神)이 있다고 믿었기 때문이다. 우리 옛 어른들은 그만큼 아궁이를 신성시했고 불 지피는 것조차도 조심스레 다루었다. 집안 길흉을 판단하는 조왕신이 부엌에 있다는 믿음은 부엌이, 그 안에서 음식을 만드는 일이 그만큼 중요하고 소중한 일이라는 생각의 반영이리라. 또 안주인은 뒤주에서 쌀을 퍼낼 때에도 쌀바가지를 쓰는 방향이 집 안쪽으로 향하게 했다. 바깥쪽으로 쌀을 푸면 집안의 복이 바깥으로 빠져나간다고 생각해서였다. 행동 하나하나 조심하는 마음으로 집안을 가꾸어야 한다는 이 믿음이 겉보기에는 답답해 보일지도 모르지만, 그 정성이 느껴져 아름답기만 하다.

부엌에서 볼 수 있는 문화 관습 가운데 유념해 봐야 할 것이 지금까지 이어져 내려오는 불을 소중히 다루는 관습이다. 선사 시대부터 불씨를 소중히 다루며 불을 꺼뜨리지 않아야 한다는 생각이 습관처럼 지켜져 왔다. 그래서 가정에서는 화로를 마련해 1년 365일 하루도 불씨를 꺼트리지 않도록 했다. 그리고 집안에서 불씨를 안전하게 보존하는 것은 대대로, 다음 집안 살림을 책임질 큰며느리의 몫이었다. 연탄을 연료로 쓰던 때에도 집안에서 연탄불을 꺼뜨리면 어른들의 불호령이 떨어졌다. 아무튼 이 모든 규범과 관습 속에는 생활 속에서 얻은 과학 지혜와 생태 지혜가 녹아 있었다.

근래에 이르러 도시 인구가 급속히 증가하면서 얼마 전에 아파트

아궁이는 난방과 취사를 동시에 해결하는 이중 효과를 얻도록 한 것으로 이는 바로 우리 선인들 의 지혜라고 할 수 있다.

에 사는 가구 수가 전체 가구 수의 절반을 넘어섰다. 아파트는 아무래도 서양식 주거 형태가 많이 가미된 소가족 중심의 건축물이다. 그래서 생활의 중심이 전통 가옥의 사랑방과 안방에서 맞붙어 있는 부엌과 거실로 옮겨졌다. 부엌에서 조리한 음식을 부엌에 놓인 식탁에서 먹고 온 식구가 거실로 자리를 옮겨 텔레비전을 보고 이야기를 나누는 것이 보편적이다. 현대로 오면서 부엌의 중요성이 더 높아진 것으로 볼 수 있다.

경제가 발전해 우리 문화의 모습이 계속 바뀌어 간다고 해도 식구들이 힘을 모아 먹을거리를 장만하고 이를 한데 모여 나눠 먹는 인간 삶의 가장 근본적인 양태만은 크게 바뀌지 않을 것이다. 앞으로 바뀌어 갈 삶의 형태에 맞게 부엌은 계속 진화해 갈 텐데, 그때 우리 전통 부엌에 녹아 있는 '담장 속의 지혜'가 큰 역할을 할 것이다.

마당의 원리

사람이 사는 집은 담장으로 안팎이 구별된다. 집 둘레를 따라 담장을 두른 안쪽을 집 안이라고 한다면 담장 밖은 바깥이 된다. 물론 담장에 있는 대문을 경계로 안과 밖을 구분하기도 한다. 그러나 우리네 전통가옥은 안과 밖이 분명하게 나뉜 것 같은 느낌을 주지 않고 어느 정도 서로 연결되었다는 느낌이다. 왜 그럴까? 사람마다 느낌이 다르므로 분명한 이유를 끌어다 설명하기는 어렵지만, 열린 대문과 마당이라는 특별한 조건이 그런 느낌을 주는 건 아닌가 싶다.

집은 구조와 모양이 다르더라도 사람들이 집안에서 편하게 살 수 있는 곳이어야 한다. 집의 크기는 살림살이의 규모에 따라 다른 것은 당연한 일이며, 집 모양과 담장은 물론 대문까지도 살림의 규모에 맞추어 달라지기 마련이다. 그런 가운데에서도 사람들은 혼자 사는 것이 아니므로 집안 식구들은 물론 이웃과도 원만한 대화와 소통을 이루어야 한다. 만약에 어느 집 대문이 굳게 닫혀 있다면 그 집은 이웃과 소통이 원만하지 않아 보인다. 이와 마찬가지로 담장을 높게 두른 집은 집안 살림의 모습을 쉽게 드러내 보이지 않으려는 것처럼 옹졸해 보이고, 담장이 낮으면 낮을수록 집안 모습이 잘 들여다 보이기에 보는 사람들의 마음조차 막힘이 없다. 대문이 활짝 열려 있는 집이라면 그만큼 많은 사람들이 드나들고 이야기가 많이 오갈 것이므로 소통과 순환이 원활해 보인다. 그러기에 대문이 열린 만큼 주인의 마음도 그만큼 열려 있다고 표현해도 좋을 것이다.

문턱이 없는 대문 그리고 아예 대문이 없는 것 같은 사립문이나 나무 울타리만 둘러 놓은 집, 이러한 집들이 모여 있는 마을에서는 사람들의 마음까지도 막힘 없이 뚫려 있다는 생각이 든다. 열린 대문 사이로 드러난 마당의 모습은 굳이 안으로 들어가지 않고 그 집의 살림살이를 느낄 수 있다. 대문으로부터 흘러나오는 마당의 향기와 나지막한 담장 너머로 넘어오는 살림의 느낌은 굳이 집 안으로 들어가지 않고도 바깥에서 맛볼 수 있다. 더욱이 마을을 이루는 여러 집에서 한꺼번에 우러나오는 살림의 느낌은 한데 어우러져 그 마을의 향기라는 하모니를 이룬다. 나눔의 아름다움을 실천하는 마을에서는 특별한 삶의 향기가 우러나온다.

살림이 넉넉한 집이라면 대문과 이어진 행랑채 밖은 널찍한 마당이 있다. 그 밖 더 넓은 터에는 채소밭이나 과수원을 만들어 여러 종류의 작물을 가꾸기도 한다. 넓게 펼쳐진 들판에서부터 집을 향해 걸으며 주위 풍경을 살펴보면 그 집의 살림 규모를 어느 정도 가늠해 볼 수도 있다. 대문을 지나자마자 있는 널찍한 마당은 남자 주인의 생활 공간인 사랑채에 연결되어 있다. 집의 바깥주인은 이 마당에서부터 손님을 맞이하기도 한다. 이 마당에서는 때때로 혼례나 마을 잔치 같은 여러 행사가 열렸을 것이다. 그리고 마당 한쪽에는 괴석이나 나무 등이 알맞게 배치되어 흥취를 더해 주는 공간이 되었을 것이다.

하지만 살림이 그리 넉넉지 않은 집에서도 나름대로의 마당 활용법을 가지고 부족한 공간을 여러 용도로 효과적으로 활용했다. 이 경우에 마당은 안채나 집 본채에 딸린 부속 공간이 되었을 것이다. 그러기에 마당은 작업 공간이 되기도 하고 때로는 필요한 물건을 쌓아두는 저장 공간이 되기도 한다. 그 외에도 마당은 필요에 따라 사람들이 모여 잔치를 벌이거나 놀이도 하는 공간으로도 쓰인다. 그런 의미에서 작은 집의 마당도 작업 마당인 동시에 잔치 마당이고 또한 놀이 마당도 되는 셈이다.

마당은 기본적으로 여러 가지 용도로 쓰이는 공간이다. 여기에 아름다움이라는 기능을 추가한 것이 정원이다. 요즈음 사람들도 자기 집을 갖고 나면 인테리어 기술과 돈을 들여 아름답고 멋있게 꾸미려고 하지 않는가. 이처럼 자기 집을 꾸미려는 욕심은 예나 지금이나 기본적으로 같을 수밖에 없다. 그러기에 생활에 여유가 있는 옛사람들이 아름다운 정원을 가꾸고 즐긴 흔적을 조선 시대 그림인 풍속화나 산수화 등에서 찾아볼 수 있다.

집은 무엇보다도 사람이 편하게 살아야 한다는 실용적 기능성이 우선이지만, 잘 가꿔진 마당이나 정원이 없으면 삭막한 느낌이 든다. 그래서 사람들은 마당과 정원 가꾸기에도 정성을 다한다. 그러다 보니 정원을 잘 가꾸어 건물보다도 정원의 아름다움이 돋보여 사람들에게 더 많이 알려진 경우도 있다.

정원 조형의 기본 원리는 생명을 상징하는 풀과 나무를 심고, 여기에 돌과 물을 끌어들여 담장 밖 자연의 세계를 담장 속으로 가져오는 데 있다고 할 수 있다. 나무, 화초, 기암괴석 같은 자연물을 배치하고 약간의 인공물을 첨가해 부족한 부분을 보충했다. 또는 원래 있던 자연 지형에 아주 살짝 건축물을 얹어 자연과 인위의 조화를 노렸다.

　옛사람들이 자연의 아름다움을 정원 안으로 끌어들이는 솜씨는 훌륭했다. 뒷산에서 흘러내리는 시냇물 중 일부를 담장 속으로 품어 안아 정원 내 소형 폭포를 만든다든가, 일부러 집 안으로 물줄기를 끌어들이지 않고 담장과 집 안 건물 배치를 조정해 집 옆으로 흐르는 실개천이 자연스레 정원의 일부가 되게 만드는 재주는 정원 만들기의 달인인 일본인이나 프랑스 인들도 혀를 내두르게 만들 정도였다. 담양 소쇄원에서는 계곡에 흐르는 물을 담장 밑으로 끌어들여 정자 앞으로 흐르게 했다. 아니 그보다 정확히 표현한다면 물이 흐르는 계곡 위에 정자를 짓고 계곡 물소리를 즐겼다고 하겠다. 또한 담장 안인 듯 밖인 듯 알 수 없는 집 안 정원을 가로지르며 흐르는 물줄기 위에 놓인 징검다리를 건너는 맛도 빼놓을 수 없는 호사라고 할 것이다. 집 가까이 흐르는 물줄기는 사람들의 눈만 즐겁게 해 주는 게 아니라 귀도 즐겁게 해 준다.

　건물을 자연의 물줄기 옆에 슬쩍 얹어 두어 자연을 담장 속으로 끌어들인 듯, 인공적인 것이 자연 속으로 녹아든 듯하는 느낌을 절묘하게 살린 곳이 경상북도 경주에 있는 옥산서원의 독락당이다. 옥산서원(사적 154호)은 조선 명종 때의 대학자 이언적의 위패를 모신 서원이고 독락당은 이언적이 생전에 공부하던 곳이다. 이 독락당에서는 담 가운데 창을 만들어 밖으로 흐르는 계곡물의 모습을 담장 안으로 끌어들여 정원의 지경을 크게 넓혔다. 그야말로 담장 밖의 자연까지 정원의 일부로 받아들였다고 하겠다.

　자연적으로 흐르는 물줄기를 정원의 일부로 끌어들이는 것은 어느 집에서나 할 수 있는 쉬운 일이 아니다. 그래도 여러 가지 궁리를 해 물을 마당으로 끌어들일 수 있다면 사람에게 미적 즐거움, 정서적 안정감을 줄 수 있을 뿐만 아니라 경우에 따라서는 음용수나 생활용수, 또 화재가 일어났을 때는 방화수로 이용할 수 있는 실용적인 효용도 가져다준다.

　우리나라 전통 가옥의 마당은 여러 가지 용도로 쓰였기 때문에 마당에는 잔디를 심지 않았고 마당 가운데에는 나무도 심지 않았다. 잔디는 빛을 반사하지 않으므로 햇빛을 이용한 작업을 곤란하게 만들 뿐만 아니라 잔디가 마당의 용도를 제한하기 때문이었다. 또한 네모난 마당 가운데 나무를 심으면 그 모습이 곤궁할 곤(困)자 형상이 되기 때문에 심지 않았다고 한다. 그러기에 마당에 나무를 꼭 심어야 한다면 담장 가까이 활엽수를 몇 그루 심는 것으로 끝냈다. 이렇게 마당에 나무 하나를 심을 때에도 실용적인 것과 인문적·문화적·종교적 요소를 세심하게 고려한 것이다.

　그러나 집의 뒤쪽에 마련된 뒷마당, 곧 뒤뜰인 후원(後園)에서는 여러 나무도 심고 풀도 가꾸어 아름답게 꾸몄다. 서울 창덕궁의 비원(秘苑)도 원래는 창덕궁 후원이다. 후원은 건물의 앞쪽이 아니기에 시야를 가려 전통 가옥의 열린 구조를 해치는 것도 아니고, 빛을 가로막지도 않기 때문에 마음껏, 실력껏 가꿀 수 있었던 것이다. 더군다나 기압 차이를 이용해 바람을 집안으로 끌어들였던 전통 가옥 구조에서는 대체로 뒤뜰을 앞마당보다 조금 높였는데, 높은 곳을 마무리하기 위해서라도 후원을 아름답게 가꾸는 작업은 필요했을 것이다.

마을 한가운데나 마을로 들어오는 입구에 서 있는 둥구나무(크고 오래된 정자나무를 일컫는다. 비슷한 말인 '동구나무'는 동네 어귀에 서 있는 나무를 뜻하는 말로 북한에서 주로 쓴다.)는 크게 자라는 나무를 심는다. 누구나 멀리서도 볼 수 있는 둥구나무는 마을의 상징이 된다. 그렇지만 집 안에는 좀처럼 큰 나무를 심지 않았다. 집 안에 심는 나무는 마당이나 후원처럼 장소에 따라 달랐고, 용도에 따라서도 달랐다. 뜰에 심는 나무는 크기도 가늠해 보는 것은 물론 어떤 용도이냐에 따라 알맞은 나무를 골라 심었다.

마당 가운데에서도 비교적 조용한 분위기를 유지하는 사랑채 앞의 마당에는 대개 석류 같은 키가 크지 않은 관목이나 파초 같은 풀을 심었다. 너무 잘 자라거나 또는 너무 크게 자라지 않는 식물을 심어 햇볕이 잘 들도록 배려한 것이다. 석류나 파초는 식재로도 쓸 수 있고 한약재로도 쓸 수 있어 실용성도 있는 데다가 보기에도 좋다.

안채에 딸린 안마당은 안주인의 살림 공간에 가까운 곳이라, 꾸미기보다는 일하는 공간으로 활용했다. 그래서 특별하게 나무를 심어 그늘을 만들거나 공간을 좁히지도 않았다. 안채 뒤에 자리한 뒷마당 역시 작업 공간으로 많이 활용되었다. 햇빛이 많이 들지 않은 곳에 저장해야 하는 물건이 있을 때에는 뒷마당에 쌓아 두기도 한다. 또한 많은 집에서는 뒷마당에 장독대를 만들어 여러 종류의 장류와 젓갈 등의 음식물을 보관하는 장소로 썼다.

이 뒷마당에는 주로 과일나무를 심었다. 그러나 밤나무는 거의 심지 않는다. 밤나무에 벌레가 많이 끼는 것도 하나의 이유가 되지만, 그보다는 열매가 달릴 때가 되어 가시가 돋친 밤송이가 집안에 굴러다니는 것을 피하기 위해서였다고 한다. 어른들이야 밤송이가 어떤 것인지 잘 알기 때문에 조심하겠지만, 어린이들은 호기심에 가까이 하다가 날카로운 가시에 찔리기라도 한다면 여간 낭패가 아니기 때문이다. 그러기에 아예 처음부터 집안사람들에게 밤송이를 멀리 하도록 미리 금한 것으로 생각할 수 있다.

안마당에 여러 종류의 유실수를 심어 놓고 철 따라 피는 꽃과 열매를 보고 먹으며 즐긴다면 그야말로 일석이조의 효과를 얻을 수 있을 것이라고 생각하는 사람들도 있을 것이다. 그러나 안마당에는 유실수를 잘 심지 않았다. 안마당의 쓰임새가 그렇게 많았기 때문일 것이다. 추사고택에서도 사랑채를 뒤로 돌아 사당으로 올라가는 후원 길에 매화나무를 비롯해 감나무와 모과나무와 앵두나무 등의 여러 종류의 유실수를 심어 놓은 모습을 볼 수 있다.

매화나무의 열매인 매실은 음식 재료는 물론 약재로도 이용되었고, 못생긴 모과나무는 향기가 좋아 차로도 널리 이용했다. 꽃과 함께 열매의 맛과 색깔이 좋은 앵두와 석류도 빈 공간에 즐겨 심는 유실수들이다. 석류는 주로 따뜻한 남쪽 지방에서 많이 심지만, 다산을 상징하는 식물이었으므로 가능하다면 많은 곳에 심고자 했다. 앵두 또한 열매가 많이 열리므로 계절의 맛을 느낄 수 있어서 더욱 좋다.

또 집안에는 복숭아나무를 심지 않았다. 잘 익은 복숭아는 보기에도 탐스럽고 먹음직스럽지만 귀신이 피하는 과일이라 조상의 혼백을 쫓는다 여겼기 때문이다. 그래서 조상을 모시는 제사상에는 복숭아를 올리지 않는다. 조상의 혼백이 집안으로 들어와 제사 음식을 음복해야 하는데 상에 오른 복숭아 때문에 자리를 잡지 못하고 떠나간다고 여겼다.

후원은 집안 여성들의 휴식 공간이기도 했다. 그녀들은 그곳에 여러 종류의 화초와 작은 나무를 심어 가꾸었다. 꽃으로는 개나리, 봉선화, 국화, 목련, 무궁화 등을 주로 심었다. 사계절 내내 꽃을 즐길 수 있도록 여러 종류의 화초를 심은 데서 세심함을 느낄 수 있다. 그러나 우리나라에 많이 자생하고 있는 참꽃이라는 진달래는 별로 심지 않았다. 그 이유는 아마도 산에 가득한 진달래를 굳이 집안에까지 심어 울안에 가두어 둘 필요가 없다고 생각해서였는지도 모른다.

소나무, 참나무 같은 큰 나무를 심지는 않았다. 그 이유는 아무래도 키우는 데도 시간이 많이 걸리고 자라면 온 집안을 덮어 그늘지게 하기 때문일 것이다. 그러기에 크게 자라는 나무는 주로 음택(陰宅)에 심는다. 지금도 왕릉이나 묘 주변에는 소나무들이 무성하게 자라고 있는 것을 볼 수 있는데 이 나무들은 음택을 보호한다는 풍수지리설에 따른 것이다. 그렇긴 하지만 솔잎은 잔디의 성장을 방해하므로 소나무는 묘에서 멀찍이 떨어진 곳에 심거나 아니면 자주 찾아가 솔잎을 거두어냈다.

정원에 사철나무와 향나무를 심기 시작한 것은 일제 강점기에 나타난 현상이다. 그것도 자연적으로 쭉쭉 뻗어나는 가지를 가만 놔두지 않고 아름답게 꾸민다고 가위로 싹둑싹둑 잘라 난쟁이나무를 만들어 놓았다. 광복 이후에도 일본식과 서양식 정원이 자꾸만 퍼지면서 정원은 온통 서양의 꽃과 나무로 뒤덮였다. 이러한 풍조는 서구와 일본의 정원관과 더 나아가 세계관을 무비판적으로 받아들인 결과이기도 하다. 여기에는 정원 작업을 발주한 집주인이나 정원을 가꾼 정원사들도 책임이 크다.

우리 조상들은 사과나무가 자라는 곳에 향나무를 심지 않았는데,

향나무는 배나무와 사과나무를 괴롭히는 붉은별무늬병 병원균의 중간 숙주라는 사실을 경험으로 알았기 때문이다. 지금도 정원수로는 향나무를 제일 많이 심고 있는데, 몇 년 전에는 과수원 근처에 심은 향나무를 베어내느라 법석을 치른 일도 있었다. 이제는 정원에 과일나무를 심던 우리의 전통적인 정원이 거의 없어지고 있다. 우리 선인들은 정원을 꾸밀 때 자연의 모습을 그대로 이용해 수석(水石)으로 조화를 이루었고, 과일나무로 풍성함을 즐겼다는 사실도 거의 잊어버리고 있다. 마당 가득했던 지혜의 향기가 사라지는 것 같아 아쉽기 그지없다.

 항상 열려 있는 대문을 통해 마당과 정원에서 우러나오는 삶의 향기가 바람을 타고 흘러나올 때에 사람들은 자신도 모르게 마음까지 맑아진다. 잘 가꾸어진 후원의 아름다운 향기가 바람을 타고 대청으로 흘러오고, 마당에 가득한 삶의 향기가 담장 밖까지 넘치고 대문 밖으로까지 우러나올 때에 집안에 사는 사람들의 품성이 저절로 느껴질 수밖에 없다. 시간적으로 어쩌면 잠깐 살고 가는 우리이지만, 어떻게 살아야 잘 사는 것인지 그리고 삶의 아름다움과 멋이 어떤 것인지 다시 한번 생각해 보게 된다.

 요즈음을 사는 우리 생각으로는 옛것은 낡은 것이기에 더 이상 붙잡고 있을 필요가 없으므로 하루빨리 새로운 것으로 갈아야 한다는 생각이 많다. 그래서인지 우리 생활 주변에서 많은 전통 문화가 많은 시달림을 받고 있다. 한 나라의 의식주 문화에서 그 원형이 사라진다는 것은 삶의 향기가 흩어지는 것이라 할 수 있다. 지금까지 어렵게 남아 있는 전통 문화마저 우리가 무시하는 사이에 소리 없이 우리 곁을 떠나 버린다면 우리는 과연 무엇에 의지하고 살아가야 할 것인가 생각하면 할수록 두려움이 앞선다.

　마당 이야기를 마치기 전에 한 가지 꼭 하고 넘어가야 할 이야기가 있다. 바로 텃밭 이야기이다.

　예전부터 사위는 백년손님이라는 말이 있다. 내가 낳아 애지중지 보살피며 키운 딸자식을 데려가 함께 사는 사위는 마치 자식처럼 사랑스럽게 봐 주어야 하겠지만, 한편으로는 함부로 할 수 없는 존재이니 식구이면서도 손님처럼 대접해야 한다는 이중적인 뜻을 담고 있다. 우리나라에서는 손님은 식구보다도 더 잘 대접해야 한다는 생각을 하고 있다. 물론 식구가 나에게는 가장 가까운 사이이지만, 집에 찾아온 손님은 불편함이 없이 잘 대접해야 한다는 전통적인 생각에서 비롯되는 생각과 행동이다. 예고도 없이 갑자기 집에 들이닥친 손님을 맞이할 때에는 누구나 당황하기 마련이다. 평상시 집안에서 입고 있는 옷매무새를 가다듬는 것에서부터 시작해 손님을 대접할 음식을 마련하는 것도 큰일이기 때문이다. 잠시 머물렀다 곧 떠나는 손님이라면 큰 걱정을 안 해도 되지만, 끼니때가 되어 손님과 함께 식사를 해야 할 형편이면 음식을 마련해야 하는 주부로서는 여간한 고통이 아니다. 요즈음 같으면 전화로 음식을 주문하거나 아예 밖에 나가 사먹을 수도 있지만, 옛날에는 모든 것을 집안에서 해결할 수밖에 없었기 때문이다.

　사위는 백년 (아니 만년) 손님이라는 말도 손님 대접의 어려움 속에서 나온 것이다. 여기에 덧붙여 사위가 오면 씨암탉을 잡는다는 말도 있다. 음식을 장만할 재료가 마땅찮아 달걀을 품어 병아리를 까는 씨암탉까지도 어쩔 수 없이 잡아야 하는 상황을 가리키는 말이다. 요즈음에는 거의 모든 음식 재료는 냉장고에 넣어 보관한다. 그러기에 필요한 음식

추사고택의 후원. 사당으로 이어지는 계단과 낮은 굴뚝들이 아름다운 조화를 이룬다.

재료는 웬만하면 냉장고에서 꺼내 쓸 수 있다. 그런데 냉장고가 없던 예전에는 어디에서 어떻게 음식 재료를 가져왔을까? 예를 들어 밥상에 오르는 국이나 찌개를 생각해 보자. 재료가 적게 들어가고 물이 많으면 국이 되고 그 반대이면 찌개라고 할 수 있다. 김치가 주재료이면 김치찌개와 김칫국이 되고 된장이 주가 되면 된장찌개나 된장국이 된다. 특별히 고기나 두부가 들어가면 고기찌개나 고깃국 또는 두부찌개나 두붓국이 된다. 이처럼 음식에 들어간 재료에 따라 종류가 달라지는 것은 당연한 것이지만, 그 재료를 어디에서 구할까 하는 문제는 또 다른 일이다. 냉장고가 없던 예전에는 장을 담가 기본 재료로 썼고 다른 재료는 말리거나 절여 두었다가 이용하는 것이 대부분이었다. 그래도 부족한 것은 신선한 채소와 같은 음식 재료였다. 그래서 생각한 것이 바로 텃밭이나 화분이다. 집 안팎 적당한 장소에 텃밭을 마련하거나 화분에 심어 두고 수시로 신선한 채소를 뽑아와 음식 재료로 이용했다. 그러기에 텃밭은 오늘날의 냉장고라고 생각해도 거의 틀림이 없다.

    요즈음 도시에서 사는 사람들은 절반 이상이 아파트에 살기 때문에 텃밭을 찾아보기 어렵다. 다행히 마당이라도 있는 집(아이들은 쉬운 말로 '마당집'이라고도 부른다.)에 사는 사람들은 텃밭을 마련할 수 있어 다행이다. 그렇지만 요즈음에는 텃밭보다는 꽃밭을 만들거나 그나마 만들었던 꽃밭마저 시멘트로 덮어 차고로 바꾸는 집이 많다. 봄부터 가을까지 겨울만 빼고 텃밭에다 상추, 쑥갓, 고추, 들깨, 오이, 호박, 파, 마늘, 딸기, 토마토 따위의 채소를 가꾸면서 끼니때마다 싱싱한 푸성귀를 따먹던 생활의 맛을 더 이상 찾아보기 어렵게 되었다. 이제는 이런저런 생활의 맛이 점점 사라지고 대신에 모든 것을 대규모 매장에서 제철도 없이 언제든지 사다 먹을 수 있게 바뀌었다.

　텃밭의 역사는 어제오늘에 시작한 것이 아니라 아주 오래전의 일이다. 인류의 조상들이 처음으로 집단을 이루어 살면서 집 근처의 터를 일구어 밭을 만든 것에서부터 그 기원을 찾을 수 있다. 들판에 나가 밭을 일구고 곡식을 재배한 것을 농사의 시작으로 보는데, 집 근처에 일구어 놓은 텃밭의 생산물은 옆집에서조차도 손대지 않았기에 텃밭을 사유 재산의 시작으로 보는 견해도 있다. 이처럼 인류의 역사와 함께 시작된 텃밭은 이제 생활의 변화에 따라 점점 사라져 가고 있다. 그렇더라도 나이 지긋한 아주머니나 할머니들이 아파트에 살면서도 햇볕이 잘 안 드는 목욕탕이나 뒤편 베란다에 콩나물을 길러먹는 것은 아마도 텃밭에 대한 그리움이 그나마 남아 있는 것이라고 생각한다.

　텃밭을 일구는 사람들은 마치 1년 농사를 짓는 것과 똑같이 텃밭을 준비하고 많은 정성을 기울인다. 따뜻한 봄부터 추운 겨울에 이르기까지 철마다 다른 푸성귀를 그치지 않고 먹을 수 있게 길러야 하므로 그 종류와 양에 신경을 써야만 한다. 더욱이 좁은 땅에서 효과적으로 운영해야 하므로 재배 관리를 게을리 하면 제철을 놓치기 십상이다. 대체로 잎을 먹는 푸성귀는 꽃이 피고 열매를 맺으면 잎이 부실해지고, 반대로 열매를 먹는 종류가 잎이 무성하면 열매를 적게 맺는 것이 식물의 생리이다. 이파리를 따먹는 엽채류(葉菜類)는 물론이고 열매를 따먹는 과채류(果菜類)도 모두 텃밭에서 기를 수 있는 채소늘이다. 마당이 있는 집이 아니라 도시의 아파트에 사는 사람들이 시나 공공단체에서 제공하는 빈터에 텃밭을 만들어 필요한 채소를 길러먹는 재미는 경제적인 이익이 우선이 아니더라도 아마도 그 이전에 시골 마당집에서 살았던 추억을 생각하거나 당시의 고향집을 떠올리는 향수(鄕愁)를 그리워하기 때문일 것이다.

안주인의 그림자

햇볕을 담뿍 받고 있는 마당은 비록 안채, 사랑채 그리고 담장으로 둘러싸여 있기는 하지만, 그 사이로 길이 열리고 틈이 뚫렸으니 전혀 막혀 있다는 느낌을 가질 수가 없다. 우리 옛집에서는 대청마루는 물론 툇마루와 쪽마루까지 고루 갖추고 있어 마당은 얼마든지 안채 공간과 잘 통해 있다. 다시 말해서 집의 구조는 안채의 안방과 마루 및 건넌방 그리고 부엌까지 모두가 마당으로 통해 있으면서 집안 전체를 하나의 커다란 공간으로 만들어 낸다. 그렇기 때문에 마당에서 일어나는 여러 가지 일들을 내부 공간 속에서도 잘 파악할 수 있다. 안주인이 집안의 크고 작은 일들을 모두 뜻대로 관장할 수 있는 까닭은 이렇게 열리고 통하는 공간 배치에 있는 것이다.

살림 규모가 그리 크지 않은 집에서는 이런저런 집의 구조를 따질 형편이 되지 않는다. 방 하나, 마루 하나에 부엌이 딸린 집이라면 일(一) 자 모양의 집이 될 터이니 안과 밖이 훤히 통해 있는 모습이다. 그러나 제법 규모가 큰 집에서는 적어도 안방과 건넌방은 물론 부엌과 곳간 그리고 사랑방이 딸린 대문 등의 모양을 갖추고 있다. 이처럼 격식을 갖춘 안채에는 부엌과 마루가 딸려 있으며, 안채를 중심으로 대부분의 일이 이루어진다. 그래서 이런 안채는 외부와 직접 통하는 구조를 갖지 않는다. 안채에서 밖으로 나가려면 마당을 거쳐 사랑채 대문을 통해 나가거나 담장 옆으로 숨은 듯이 내어 놓은 쪽문을 통해야 한다.

안채의 약간은 닫혀 있고 안정된 구조에 비해 상대적으로 사랑채는 안마루와 바깥 마루로 동시에 열려 있다고 할 수 있다. 이른바 남성의 구역인 사랑채는 마당이나 마루와 직접 연결되어 있으며, 사랑채 마루나 또는 사랑채에 연결된 누각에 오르면 언제든지 담장 밖을 바라보고 통할 수도 있다. 여기서도 남성 구역과 여성 구역의 차이를 감지할 수 있다.

사랑채 마당은 살림에 보탬이 되는 수확물의 일부를 저장하기 위한 공간으로도 쓰일 때도 있다. 담장 밖으로 이어진 과수원과 채소밭에서 일한 대가로 수확한 생산물은 우선 가까운 곳에 가져다 정리하거나 또는 저장하는 것이 편할 때가 많다. 그럴 때에는 사랑채가 바깥과 가까운 곳이니 적당한 공간을 마련해 처치하고 저장할 수 있다. 물론 농사해서 거두어들인 수확물은 살림에 쓰이는 것이니 곳간이나 또는 안채에 가까운 뒷마당에 저장하는 것이 편리하다면 당연히 그렇게 저장하는 것이 바람직하다. 안주인이 관장하는 살림 구역은 안채에 더 가까이 있으므로, 안채에 가깝게 장독을 놓아두거나 또는 가족의 빨래를 너는 등의 살림살이에 편리하도록 뒷마당을 많이 이용한다.

어쨌거나 우리 전통 가옥에서의 살림살이는 바깥주인과 안주인의 역할이 나뉜 만큼 살림에 필요한 공간도 역할에 따라 많이 구분되었다.

이처럼 역할이 나뉘었다고 해서 공간이 독립적으로 나뉜 것은 아니다. 기능과 역할에 따라 나누었다고는 하더라도 원래 한 집안의 살림이니만큼 당연히 서로 통하고 연결되어 하나의 살림으로 이루어져야 한다. 그것이 바로 집안 살림이다. 이처럼 안주인의 살림 공간을 중심으로 살림의 규모 있는 솜씨가 우러나오고 안주인의 공간인 안채와 마당에서 살림의 향기가 번져난다.

　우리나라의 전통 가옥인 한옥에서는 음식 재료를 준비하고 식품을 저장하는 장소를 어딘가에 마련하고 있다. 안주인의 살림에서 중요한 부분으로는 식사 준비와 세탁 그리고 육아를 꼽을 수 있다. 그러기에 식사 준비와 관련 있는 식품 저장 공간은 생활 공간에서 많은 부분을 차지할 수밖에 없다. 더욱이 저장 공간은 부엌 살림과 긴밀하게 연결되어 있으므로 저장 공간인 '봉당'이나 '다락'은 부엌과 가까운 곳에 자리하기 마련이다. 이와 함께 부엌에서 가까운 마당에는 음식을 만드는 데 필요한 여러 가지 양념과 간장, 된장, 고추장 등의 장을 담은 항아리와 함께 김칫독까지 장독대에 자리를 잡고 있다.

　효과적인 저장을 위해서는 김장 항아리를 마당 한쪽에 땅을 파고 묻기도 했다. 겨우내 일정한 온도를 유지하면서 얼지 않고 오랫동안 맛있는 상태를 유지하고자 생각해 낸 방법이지만, 지금의 냉장고와 같은 효과를 기대하면서 동시에 저장 공간으로 활용할 수 있는 장점도 갖추고 있다. 물론 김장은 식품의 일종이므로 식사를 준비하는 부엌과 가까운 마당이나 담장 근처에 김장독을 묻어두고 필요에 따라 꺼낼 수 있게 했다.

　요즈음 집에서는 전통 가옥에서 이용했던 저장 공간이 모두 사라져 버렸다. 아파트로 대표되는 요즈음 집에서 저장 공간으로 이용하는 것은 수납장이나 창고를 꼽을 수 있지만, 이런 공간은 부엌에서 떨어져 있는 경우가 대부분이고 웬만해서는 식료품 저장고로 만들지도 않았다. 굳이 찾아보자면 부엌의 싱크대 안에 조리 기구를 넣어 두는 수납장이 있는 정도이고, 그 안에 식료품을 넣어 두는 경우가 있으며, 많은 집에서 김치냉장고를 들여 김치나 채소 또는 과일을 저장하는 정도이다. 오히려 많은 아파트에서는 부엌에 연결된 자그마한 공간을 다용도실이라 부르며 여러 가지 물건을 넣어 두는 공간으로 활용하고 있다.

물론 요즈음의 아파트에서는 마당을 찾아볼 수 없다. 아파트 건물 앞에 마련한 주차장이나 어린이를 위한 놀이터 그리고 나무를 심어 놓은 정원을 커다란 마당의 개념으로 볼 수도 있지만, 이것은 개인을 위해 집에 마련된 마당과 비교할 수 없는 공동 구역이므로 마당의 개념과는 다르다. 그렇다면 개인 집으로 보는 아파트에서는 마당의 역할을 하는 공간을 어쩌면 베란다라고 불리는 복도와 비슷한 공간을 꼽아 볼 수도 있다. 대부분의 집에서는 베란다에 창문과 방충망까지 달아 실내 공간으로 활용하고 있다. 그리고 십십바다 사람들은 이 베란다에서 화초를 키우기도 하며 빨래를 널기도 하며 경우에 따라서는 장독을 놓기도 했고 김장을 준비하느라 사놓은 배추를 놓아두는 공간이기도 하다. 이와 같이 아파트에서 베란다와 다용도실은 전통 가옥에서 말하는 마당이나 봉당 또는 다락의 기능을 대신하는 장소라고 생각해도 좋다.

요즈음 집에서는 전통적인 가옥에서 볼 수 있는 안주인과 바깥주인을 중심으로 하는 공간의 분리를 찾아보기 어렵다. 국민의 절반 이상이 살고 있는 아파트에서는 물론이고 주택이라 불리는 마당이 딸린 집

(아이들은 마당집이라고도 부른다.)에서는 부부가 함께 쓰는 안방과 아이들이 사용하는 건넌방 또는 아이들 방으로 나뉘어 있다. 그렇더라도 안주인이 담당하던 살림은 여전히 여자들 중심으로 이루어지고 있다. 거의 모든 가정에서 살림은 물론이고 식사와 자녀 교육까지 많은 부분을 안주인이 관장하는 경우가 많다.

  안주인과 바깥주인의 관할 공간이 나누어지지 않은 것은 좁은 공간을 효과적으로 활용하다 보니 그런 점도 있지만, 요즈음의 생활 속에서 굳이 사랑방을 마련해야 할 필요성이 그만큼 줄었기 때문이기도 하다. 그러다 보니 집안일은 안주인이 거의 맡아 하게 되고 또한 그만큼 많은 일을 하게 되었기에 살림의 중심으로 나서게 되었다. 물론 살림에서 바깥주인의 역할이 줄었다고는 하더라도 부부가 함께 중요한 일을 상의하고 협력하여 집안 살림을 이루어 나가는 것이 요즈음의 추세이다.

화장실에서 보는 세상

집의 구조를 살펴볼 때에 언뜻 보아 꼭 필요하지 않은 것처럼 생각되지만 그래도 빠져서는 안 되는 곳이 한 군데 있다. 그곳이 바로 화장실이다. 하기야 집안 구석구석을 살펴보더라도 필요하지 않은 곳은 단 한 군데도 없다. 모두가 나름대로 필요한 기능과 역할을 갖고 있기 때문이다. 아무 쓸모없어 보이는 집안 한쪽 구석이라도 당장 쓰지 않는 도구를 모아 두면 그곳이 바로 창고가 되고 또한 헛간이 되는 것이다. 창고나 헛간은 매일 한 번씩 들러야 하는 곳은 아니다. 그런데 화장실은 식구들 모두가 하루에 한 번 이상 꼭 들러야 하는 곳이니 집에서는 결코 없어서는 안 되는 곳이다.

사람들이 생각하기로는 화장실이 사람들의 배설물을 받아 두는 곳으로 미생물에 의한 발효와 부패가 모두 일어나면서 향기롭지 않은 냄새가 나는 곳이니 가까이 하기 싫다고 느끼는 장소이다. 그래서인지 집안에서 화장실을 만드는 장소도 얼른 눈에 띄지 않는 구석에 자리를 잡아 준다. 물론 안채에서 비교적 멀리 떨어진 마당 한쪽에 화장실을 만들고 화장실 문도 안채와 마주하지 않도록 어긋나게 내는 것이 일반적이다. 이처럼 겉으로 잘 드러나지 않게 만들어야 하는 화장실이기에 화장실 입구를 달팽이집처럼 돌아 들어가도록 만든 화장실을 볼 때에는 입가에 슬며시 웃음이 번진다. 어쩌면 그것은 생활 속에서 웃음을 자아내게 만드는 작은 멋이라고 생각할 수도 있다. 예로부터 전해오는 우리 속담에 "뒷간과 사돈집은 멀어야 한다.", "뒷간 갈 적 마음 다르고 나올 적 마음 다르다.", "뒷간 기둥이 물방앗간 기둥 더럽힌다." 따위의 뒷간이 들어간 속담들이 많이 있다. 그만큼 화장실은 우리의 생활과 가까운 것이다. (대소변을 분뇨(糞尿)라 하며 이를 배출하고 처리하는 곳이 화장실이기 때문이다. 한편 똥이란 말 대신에 쓰는 분(糞)자는 쌀(米)이 달라진(異) 것이란 뜻이고, 오줌을 뜻하는 요(尿)자는 죽은(尸) 물(水)이라는 의미이다.)

화장실이라는 말도 지역에 따라 다르게 부르는데, 강원도와 전라도에서는 칙간, 함경도에서는 정낭, 제주도와 전라도 그리고 경상도에서는 통시, 통싯간, 뒷간이라고 불렀다. 한편 근심을 해결해 주는 곳이라는 멋진 뜻을 가진 해우소(解憂所)라는 말은 다솔사라는 절에서 유래했다고 한다. 해우소의 구조는 2층으로 되어 있는데, 아래층에는 짚이나 낙엽을 깔아 두어 분뇨가 쌓이는 대로 썩도록 했고, 적당한 양이 모이면 밭으로 끌어내어 거름으로 이용했다. 이러한 처리 방법은 수질과 환경을 오염시키지 않는 자연의 순환을 따른 환경 친화적인 처리 방법이다. 지금까지 원형이 잘 보존되어 있는 해우소로는 송광사, 선암사, 김룡사, 대승사, 동화사, 비로암, 서산 개심사, 홍천 수타사, 삼척 영은사, 영월 보덕사 등의 해우소를 꼽을 수 있을 정도로 그나마 절을 중심으로 몇 채밖에 남아 있지 않다.

주택의 공간을 용도에 따라 크게 나누면 일상적인 생활을 하는 거실 공간과 음식을 조리하고 먹는 공간인 부엌과 휴식 공간으로의 침실 그리고 배설을 위해 필요한 공간인 화장실이라는 네 공간으로 나눌 수 있다. 이들 네 가지 공간 가운데에서 화장실은 이제까지 가장 소홀히 취급해 왔다. 오래전부터 사용해 온 우리의 재래식 화장실은 구덩이를 파 놓거나 커다란 항아리를 묻어 두고 그 위에 긴 나무나 판자 등을 가로질러 얹어 두는 것이 대부분이었다. 그러다가 점차 사람들이 모여 사는 도시가 형성되면서 드럼통을 파묻어 놓거나 커다란 시멘트 하수도관을 파묻는 방법으로 바뀌었고, 이제는 좀더 위생적인 수세식 구조를 갖추게 되었다.

도시 아이들에게 시골 생활에서 가장 어려워하는 것이 재래식 화장실을 이용하는 것이다. 이전에 비하면 시골 화장실의 구조가 많이 개선되었다고는 하지만 아직도 완전한 수세식이 아닌 경우가 많으므로 아이들에게는 아직도 시골 생활은 무섭고 힘든 일일 듯하다. 어쨌거나 화장실이 더럽고 무섭다고 기피해서는 안 된다. 평생 사는 동안에 화장실에서 보내는 시간을 합하면 2~3년이 족히 되기 때문이다. 그래서인지 요즈음에는 집을 지을 때에도 화장실을 편하고 고급스럽게 그리고 위생적으로 꾸미려는 경향이 크다.

아침에 일어나자마자 찾는 곳이 화장실이고, 집에 들어오자마자 세수하고 손발을 씻는 곳이 화장실이다. 일자리에 도착하자마자 찾는 곳이 화장실이기도 하며, 점심시간 후에 양치질을 하는 곳이며 일을 끝내고 옷을 갈아입거나 화장을 고치는 곳도 탈의실 겸용인 화장실이다. 이렇게 화장실은 집안에서도 사용 빈도가 높은 곳이다. 요즈음에는 화장실이 넓어지고 깨끗해진 것은 물론이고, 그 위치도 어둡고 습기 찬 구석진 곳이 아니라 밝고 편리한 곳으로 점차 바뀌고 있다. 사람들에게 화장실 문화를 제대로 알리려는 모임의 회장은 아예 집 한가운데 화장실을 두고 넓은 유리문을 통해 바깥 경치를 볼 수 있는 구조를 만들어 살고 있다. 물론 화장실 안에 볕이 잘 들어 밝고 깨끗해야 한다는 뜻에서이다.

화장실에 관한 우리나라의 역사를 보더라도 여러 가지 재미있는 이야기를 찾아볼 수 있다. 우선 신라 시대에는 토기로 만든 요강을 이용했다는 흔적이 보이며, 백제 유적지에서도 호자(虎子)라는 토기 변기가 출토되고 있다. 고려 시대에는 청자로 만든 요강을 이용했고, 조선 시대에도 백자 요강을 이용했으며 그 이후에는 놋쇠 요강을 만들어 사용하다가 일제 시대에는 군수 물자로 공출되기까지 했던 아픈 역사가 있다. 당시에는 놋쇠로 만든 요강과 대야를 귀중한 혼수품으로 장만할 정도였다. 옛날에 결혼식이 끝나면 가마를 타고 신행 가는 신부에게 도중에 급한 용무를 해결하도록 가마 안에 작은 요강을 넣어 주었다. 이 요강은 한지를 새끼처럼 꼬아 요강 형태로 만든 다음에 여러 겹 한지를 덧바르고 기름을 잘 먹인 것이므로 사용할 때에 소리가 나지 않아 사용하기에 안성맞춤이었다. 조선 시대 궁중에서는 임금님의 똥을 매화라 불렀고, 궁중 화장실에서 사용한 것을 매화틀이라 불렀으니 이 또한 조상들의 멋을 느낄 수 있다. 조선 후기에 이르러 사시보 요강을 만들어 썼는데, 정확한 용도를 모르던 서양 사람들이 가져다 사탕 그릇으로 사용했다는 이야기는 우스갯소리로 널리 알려졌다. 요즈음에도 시골집에 가 보면 할머니들이 시집오면서 장만한 요강을 아직까지 간직하고 사용하는 모습을 볼 수도 있다.

제주도에서는 옛날부터 특별히 '똥돼지'를 길렀는데, 높은 누각처럼 화장실을 지어 사람들이 위에서 일을 보고 나면 밑에서 돼지가 나머지를 처리하도록 하는 구조를 갖추었다. 이러한 방법으로 돼지를 키우면 육질이 좋다고 해 지금도 제주도와 지리산 자락에서는 이렇게 돼지를 길러 지역의 특산품으로 소득을 높이고 있다. 지리산 자락의 주민 가운데 일부는 제주도 사람들이 뭍으로 옮겨와 살았기에 이들이 제주도에서와 같은 방법으로 돼지를 키우는 것을 이해할 수 있다. 그러나 요즈음에는 재래종 돼지를 유지하면서도 현대적인 시설에서 사육하고 있다. 그 이유는 현대화 과정에 밀려 더 이상 전통적인 돼지 사육법을 고집하기가 어려울 뿐만 아니라, 주민들 숫자가 제한된 요즈음까지 예전과 같은 방법을 그대로 지속할 수가 없기 때문이다. 그리고 이런 식으로 키운 돼지고기에는 기생충이 살 우려가 있기 때문이다.

한편 예전에 살던 생활 양식을 잘 살펴보면 양반 집에서는 칙간 밑에 여물을 썰어 깔아 놓기도 했고, 서민 집에서는 뒷간의 바닥을 깊이 파거나 독을 묻어 한데 모았다가 거름으로 사용했다. 똥과 오줌을 한곳에 모아 두면 결국은 미생물에 의해 분해되기는 하지만, 사람들이 그때까지 썩는 냄새를 참아 가며 마냥 기다릴 수만은 없다. 그러기에 여물을 깔아 줌으로써 미생물의 분해력을 높여서 빠른 시간 동안에 오물을 처리하면서 더욱 질 좋은 유기질 거름을 만들 수 있었다. 더구나 똥과 오줌이 분해되는 동안에 가끔씩 생석회를 뿌려 주면 고약한 냄새를 줄이면서 위생적으로 처리할 수 있으며 마지막으로는 구수한 냄새가 나면서도 균형 있는 비료 성분을 가진 유기질 거름을 얻을 수 있다.

옛 건물터를 발굴하는 경우에 유기물의 성분과 미생물의 흔적을 살펴보고 화장실이나 외양간의 흔적을 확인할 수도 있다. 얼마 전 경주에서 신라 시대의 주거지를 발굴하는 과정에서 화장실 터를 확인하기도 했다. 고고학의 발굴 수준이 상당히 앞선 일본에서는 발굴단의 인원 가운데 많은 사람들이 유기 화학이나 미생물학을 전공한 자연 과학자들이라고 한다. 이처럼 역사와 문화의 흔적을 더듬어 보는 고고학에서도 과학이 밑받침되지 않는다면 올바른 해석을 내리기 어려운 경우가 생길 수 있다. 아마도 이러한 경우가 바로 자연 과학과 인문학의 절묘한 만남이리라.

재래식 화장실을 갖춘 농가에서는 볏짚이나 나뭇잎을 태운 재를 헛간에 모아 두고 뒤를 본 다음에 재를 섞어 한쪽에 밀어 두거나 구석에 쌓거나 묻는 방법으로 처리했다. 1940년대까지만 하더라도 서울 등지의 도시 변두리에서는 논밭 특히 채소밭의 거름으로 이용했는데, 농민들은 주민들에게 거름값을 내면서 거름을 거두어 가기도 했다. 그러다가 1950년대와 1960년대에 이르러서는 인구가 증가하고 도시의 규모가 커지면서 주민들이 거름값을 받기는커녕 오히려 분뇨 수거료를 주더라도 농민들이 제때에 퍼가지 않는 상황으로 바뀌었다.

이후로부터 주택에서 수거한 분뇨의 양도 많아져 퇴비로 사용하는 양을 크게 초과하면서 분뇨 처리는 더 이상 무시할 수 없는 도시의 문제점으로 드러났다. 그리하여 서울시에서는 공공 사업 형태로 분뇨를 집단으로 수거하고 처리하는 계획을 마련할 수밖에 없었다. 처음에는 서울시 성동구 왕십리 들판에 대규모 웅덩이를 파고 수거한 분뇨를 오랫동안 썩히는 방법이 도입되었다. 이렇게 1960년대 중반에 이르러 분뇨의 수거와 운반 체계가 어느 정도 정비되면서 지게나 손수레 우마차로 수거하는 방법이 차량으로 바뀌었지만, 사람들이 바가지나 깡통 또는 군인들이 쓰는 철모를 긴 막대에 매단 도구 — 이른바 똥바가지 — 로 거름통에 퍼 담아 지게로 차량까지 옮기는 방법은 그대로였다.

시간이 흐르면서 분뇨 처리장 근처에 사는 사람들의 피해는 오히려 커져 갔고, 이에 따라 민원이 발생하면서 처리장은 김포 쪽으로 자리를 옮겼으나 그래도 악취와 피해는 여전했다. 1960년대 후반에 이르러 대형 건물이 들어서고 수세식 화장실이 더 많이 설치되면서 신속한 분뇨 수거가 절실해졌다. 그리하여 흡입 장치를 갖춘 삼륜차를 국내에서 제작해 이용했다. 그 후 지금까지 기계 힘으로 분뇨를 흡입해 수거하는 방법을 이용하면서 수거 방법도 조금씩 개선되어 오늘에 이르고 있다.

아무튼 오늘날의 주거 생활 형태에서 화장실의 비중이 날로 커지고 있는 형편이다. 화장실에서 필요한 급수와 배수 그리고 배기 등의 시설을 간단히 비교해 보더라도 화장실의 시설이 부엌이 차지하는 비중과 견주어도 결코 뒤떨어지지 않는다. 현대 건축에서 화장실 수리와 보수의 비중도 부엌에 비해 오히려 더 높은 형편이다. 더구나 화장실의 수도 부엌의 숫자보다도 더 많이 필요한 것으로 나타나고 있다. 이러한 모든 원인은 달라진 생활 환경과 밀접한 관계를 맺고 있으며, 더욱이 여기에서는 식생활의 변화가 더욱 큰 몫을 차지한다고 본다.

분뇨 배출량은 어른과 아이에 따라 다르고 또한 사람들이 하루 동안 먹는 식사량에 따라 다르기 마련이지만, 남녀노소를 막론하고 일반인들의 평균적인 분뇨의 하루 배출량은 대변이 0.14리터이고 소변이 0.9리터 정도이다. 그러므로 한 사람이 하루에 적어도 1리터 정도의 대소변을 배출한다고 보면 거의 틀림이 없다. 또한 한 사람이 하루에 화장실을 적어도 서너 번 정도는 다녀오기 마련이므로 화장실을 이용할 때마다 물로 씻어내는 수세식 화장실에서 발생하는 오물 배출량은 적어도 5~10리터는 될 것이다. 따라서 우리나라에서 매일매일 배출되는 분뇨를 포함한 오니 전체의 양은 엄청난 분량일 것이다. 이렇게 엄청난 양의 오니를 그대로 하수도에 흘려보낼 수는 없으므로 어떻게 해서든지 배설물은 깨끗이 처리해 내보내야만 하는데, 그 처리 비용과 시설이 결코 적지 않은 비용을 들여야 한다는 점을 이해할 수 있을 것이다.

채식을 많이 하던 옛날에는 뒷간 하나로 열 식구가 충분했지만, 요즈음에는 네 식구만 되더라도 화장실 하나로 부족한 형편이다. 물론 요즘 생활하는 가운데 화장실에서는 세수와 목욕은 물론 화장까지 하기 때문이기도 하지만, 그만큼 현대 생활에서 화장실의 필요성이 증가한 때문이라고 보아야 한다. 어쨌든 건강하고 쾌적한 생활을 유지하고 에너지 절약과 절수를 위해서라도 화장실의 개선과 변화는 충분히 이루어져야 할 것이다. 이러한 문제점을 해결하기 위해서라면 맹목적으로 화장실을 확장만 할 것은 아니다. 채식을 위주로 하는 우리 식생활을 그대로 유지하면서도 필요한 공간 문제를 검토해 보고 또한 사람들이 원하는 새로운 방향으로 주거 문화를 개선하는 노력을 기울여야 할 것이다.

요즈음 환경 친화적인 집을 짓고 사는 사람들이 모인 마을에서는 한결같이 배설물과 음식물 찌꺼기를 자연 발효시켜 퇴비로 이용하는 방법을 찾고 있다. 이들이 개발한 화장실은 일반 건물의 화장실에서처럼 수세식이 아니다. 사람의 배설물은 보통 변기보다도 밑구멍이 넓은 관을 따라 발효 탱크로 떨어지고, 부엌에서 나오는 음식물 찌꺼기도 발효 탱크로 함께 모아진다. 발효 탱크에는 수시로 흙이나 마른 풀을 보충하면서 발효가 잘 이루어지도록 관리해 준다. 물론 발효 과정에서 나오는 냄새나 가스는 환풍기를 이용해 바깥으로 불어낸다. 그리고 발효 탱크에서 만들어진 퇴비는 수시로 꽃밭이나 텃밭에 뿌려 주어 흙을 거름지게 해 준다. 이와 같이 환경을 보호하는 화장실을 만들어 이용하면 각 가정에서 사용하는 엄청난 양의 물을 절약할 수 있어 더욱 효과적이다.

주택 공간 가운데 화장실은 지금까지 가장 소홀히 취급되었지만, 이제는 많이 개선되어 생활 속에서 중요한 위치를 차지하고 있다.

정신 건강에 맞는 집을 찾아서

우리가 오랫동안 살아온 전통적인 모습을 간직하고 있는 집은 이제 우리 주변에서는 거의 찾아보기조차 어려울 정도가 되어 버렸다. 한옥(韓屋)이라 부르는 기와집과 초가집은 이미 도시에서는 사라져 버렸고, 그나마 남아 있는 오래된 기와집은 문화재로라도 지정되어야 당국의 도움을 받아 집을 손보고 고칠 수도 있다. 그만큼 옛것을 유지하는 데에 들어가는 비용을 감당하기 어렵기 때문이다. 농촌에서도 주택 개량 사업에 맞추어 집을 새로 짓거나 고치더라도 원래 모습을 지키지 못하고 양옥(洋屋)으로 바뀌어 버렸다. 그러다 보니 자연과 조화를 이루는 마을의 모습과 지붕의 곡선이 우리의 특징을 잃어버리고 이것도 저것도 아닌 엉거주춤한 모습을 보이고 있다. 지금도 웬만한 농촌 마을에 가 보아도 시멘트와 콘크리트로 지은 집들이 대부분이고 심지어는 20층 가까운 고층 아파트가 공룡처럼 버티고 서 있다.

도시에서의 건축은 더욱더 큰 변화가 있었다. 경제 발전에 힘입어 농촌 인구가 도시로 이동했고, 도시로 몰려드는 사람들에게 필요한 주택을 마련하기 위하여 어쩔 수 없이 거대한 집단 거주 지역과 고층 아파트가 건설되었다. 경제적인 논리에 맞추어 토지와 주택의 가격이 높아질수록 건물의 높이도 올라갈 수밖에 없다고 사람들은 한결같이 말한다. 그런데 실제로는 굳이 고층 건물을 지어야만 도시의 주택난이 해결되는 것은 아니다. 저층 아파트나 빌라 형태의 집을 짓더라도 부족한 주택은 해결할 수 있다. 그런데도 사람들 마음속에는 뉴욕이나 홍콩을 비롯한 세계의 대도시는 물론이고 우리나라 대부분의 도시에서도 아파트는 고층으로 올라가는 것을 당연한 일로 받아들이고 있다. 이러한 현실 속에서 우리가 오랫동안 살아왔던 전통적인 주택에서의 특징을 찾아보려는 의식이 움트고 있으며, 우리의 전통적인 주택이 갖추고 있는 좋은 점을 되살리려는 노력도 이어지고 있다.

도시의 높다란 빌딩 숲 사이를 걷다 보면 하늘 보기도 힘들 때가 많다. 도시에서의 생활이 으레 그런 것이라고 알고 있는 사람들이라면 맑은 하늘은 물론이고 솔솔 불어오는 바람조차 보고 느끼기가 쉽지 않다. 그렇지만 한번이라도 들판에 서 있는 모정(茅亭)이나 또는 계곡이나 강가에 서 있는 정자(亭子)에 올라본 사람이라면 멀리 내다보이는 경치는 물론 시원한 바람까지 온몸으로 느낄 수 있다. 굳이 정자가 아니더라도 대청마루에 서 있거나 집에서 높지막한 누마루에 오르더라도 담장 너머로 펼쳐진 풍경과 가까이 밀려오는 바람결까지 눈으로 보고 몸으로 느낄 수 있다. 이런 기억을 가진 사람들은 지연 속에서 사연과 더불어 살아가는 느낌이 어떤 것인지 쉽게 잊지 못한다.

사람들이 살고 있는 주변에서 흔히 볼 수 있는 풀과 나무, 흙과 돌 그리고 물과 바람 등의 모든 것들이 한결같이 우리 삶에 크고 작은 도움을 준다. 수도 시설이 없던 옛날에는 바위틈에서 흘러나오는 샘물을 마셨거나 집안에 우물을 파서 물을 길러먹었다. 집집마다 우물을 파서 식수를 확보하는 일이 쉽지 않으므로 우물 하나로 몇 집이 이용하더라도 마다하지 않고 나누어 먹는 미덕이 있었다. 실제로 경주 지역에서 드러난 발굴 결과를 살펴보면 큰길에서 갈라진 골목에 연결된 네다섯 집마다 우물이 하나씩 있었다. 그뿐만 아니라 큰길 옆쪽으로는 지금의 하수도라 할 수 있는 도랑 흔적이 발견된 것으로 보아 당시의 생활이 어떠했는지 조금은 짐작할 수 있다.

한편 많은 사람들이 모여 사는 도시 형태가 아니더라도 옹기종기 모여 사는 자그마한 마을에서는 그만큼 이웃과의 관계가 가까울 수밖에 없었다. 나지막한 담장이나 울타리 너머로 얼굴을 마주보며 이야기를 나누는 것은 물론 특별한 먹을거리라도 있으면 서로 나누어먹는 미덕이 있었기 때문이었다. 어디 그뿐인가 마을 곁으로 흐르는 냇가에서는 아녀자들이 모여 빨래하고 허물없이 이야기를 나누는 만남의 장이 열리기도 했다. 이런저런 여러 가지 일들이 담장 너머에서 일어나는 삶의 모습이었고, 이러한 삶 속에서 모든 만남과 나눔의 아름다움이 꽃피었다.

담장을 경계로 집안과 밖에서 일어나는 일에 차이가 있더라도 만남과 나눔 그리고 그 안에 항상 아름다움이 함께 한다는 근본적인 삶의 모습과 생각은 크게 다르지 않았을 것이다. 생활 속에서 이루어지는 나눔의 미덕은 살림 형편에 따라 크고 작은 차이는 있더라도 근본적인 생각이 다르지 않다면 얼마든지 생활의 보탬이 되는 것은 물론이고 공동 생활의 보람까지도 가져다준다. 물론 집의 크기와 살림 규모에 따라 살림 형편을 가늠해 볼 수 있지만, 모든 이웃이 한결같은 마음으로 나눔의 아름다움을 알고 있다면 생활에 여유를 더할 수 있다.

어느 집이고 그 집 부엌에서 사용하는 연료의 종류와 음식을 조리하는 데 쓰이는 기구를 살펴보면 어느 정도 집안의 경제 사정은 물론 직업까지도 짐작할 수 있다. 이처럼 간단히 부엌만 살펴보아도 살림 규모를 알 수 있는 것은 부엌이 그 시대의 생활 풍습을 반영하기 때문이다. 시대에 따라 음식을 장만하는 과정과 그에 필요한 조리 기구도 함께 발전했는데, 모든 기구는 형편과 쓰임새에 맞게 겸용할 수 있는 방법을 찾아내기도 했다. 이를테면 무쇠로 만든 가마솥 뚜껑은 지짐이나 전을 부치는 프라이팬으로도 편리하게 이용되었고 철사로 얼기설기 짠 석쇠는 고기나 생선을 굽는 데 안성맞춤이었다. 더군다나 밑에 구멍이 뚫린 시루는 밥이나 떡을 찌는 조리 기구로 이미 1,000여 년 전부터 이용했다. 삼면이 바다로 둘러싸였기에 우리는 비교적 많은 종류의 생선을 즐겨 먹었고 따라서 석쇠는 우리 식생활에서 그야말로 매우 중요하게 쓰였다. 밥 지은 후에 아궁이에 남은 불씨 위에서 석쇠 날개 사이에 넣은 고기를 위아래로 번갈아 돌려가면서 누릇누릇하게 굽거나 아니면 화로에 불씨를 담아 마당에 나와 구우면 냄새와 연기를 피할 수 있어 더욱 좋았다.

마당에 멍석을 깔고 온 식구가 함께 둘러앉아 밥을 먹으면서 화로에서 굽는 고기는 그야말로 야외에서 구워 먹는 바비큐 파티가 되는 셈이다. 우리 음식 가운데 숯불에 직접 구워 먹는 갈비와 불고기는 아이들에게는 물론이고 서양 사람들에게도 인기이다. 그렇지만 요즈음에는 아파트에 사는 사람들이 많아지면서 집안에서 고기를 직접 구워 먹기가 어려워졌다. 특히 기름기가 많아 불에 구울 때에 기름이 많이 튀는 등푸른 생선은 조리하기가 불편하다. 비좁은 프라이팬에 올려놓고 조심스레 튀기거나 아니면 냄비에 넣고 찌개로 끓여먹기 마련이다. 그래서 마당이라도 있는 집에서는 고기는 물론이고 생선도 얼마든지 소금을 뿌려 가며 불 위에서 직접 구워 먹는 즐거움을 누릴 수 있다. 이렇게 좁아 보이는 마당집이 결코 좁지 않은 이유는 정신적으로 느끼는 여유 공간이 훨씬 넓기 때문이다. 책을 읽다가도 가끔씩 먼 곳을 바라보는 것이 눈에 피로를 줄이는 것처럼 닫힌 공간에서 생활하는 것보다도 넓은 자연을 느끼며 사는 것이 바로 건강한 생활이라고 생각한다.

　시대가 바뀌면서 사람들의 생활이 바뀌는 것은 당연한 일이다. 옛날에는 한 집안에 할아버지와 할머니로부터 부모와 자식 그리고 손자에 이르기까지 삼대나 사대가 함께 모여 사는 경우가 대부분이었지만 요즈음에는 부부 중심으로 한두 명의 자식과 함께 사는 경우가 대부분이다. 더구나 20년 전만 하더라도 대부분 단독 주택에 살았지만, 요즈음에는 우리나라 인구의 절반이 넘는 사람들이 아파트에 살고 있다. 그러기에 지금의 부모들이 옛날에 자신들이 어렸을 때의 생활과 비교하면 생활의 방식에서도 엄청난 차이를 느낄 수 있다.

　지금의 부모들이 어렸을 적에는 어른들로부터 야단을 맞기라도 하면 헛간이나 낟가리 뒤에 숨거나 아니면 다락에 숨어 들어가 혼자 울다가 지쳐 잠이 들었던 경험도 가지고 있다. 심지어는 집을 벗어나 온 마을이나 들판을 쏘다니다 해가 떨어지고 어둑어둑해져 배가 고플 때면 뒷머리를 긁으며 살며시 집에 들어와 잠들기도 했다. 물론 배가 고파 잠이 오지 않으면 부엌에 몰래 들어가 찬밥이나 누룽지를 몰래 뒤져먹거나 아니면 누나나 어머니가 먹을 것을 넣어 주기도 했던 경험을 조금씩이라도 간직하고 있다.

　옛날에는 그리 넓지 않은 방에서 여러 식구들이 몸을 부딪치며 오밀조밀 지내면서도 가족끼리의 정은 더욱 깊어만 갔다. 더욱이 그때에는 지금처럼 먹을 것과 입을 것이 넉넉하지 않아 여유가 없었을 터이지만, 그래도 그때를 지금과 비교해 보더라도 왠지 마음만은 넉넉했던 기억이 되살아난다. 아마도 그것은 실제 면적이 좁다 하더라도 열린 공간이 그만큼 넓었기 때문이라고 생각할 수 있다. 야단을 맞더라도 바깥을 쏘다니면서 울분을 해소할 수 있었기에 정신적으로 부담이 그만큼 적었을 것이다.

　옛날과 지금의 생활이 다른 것은 사실이지만 생활의 조건이 바뀐 만큼 생각도 바뀌어야 할 것이다. 지금과 같은 아파트나 주택의 방과 거실 그리고 부엌을 비롯한 생활 공간에서는 효과적으로 움직일 수 있도록 여유 공간이 넓게 확보되었다고 하더라도 마음으로 느끼는 공간은 옛날보다도 오히려 좁다. 자연을 느낄 수 있는 공간이 그만큼 줄어들었기 때문이다. 더구나 밀집된 고층 아파트에서 느끼는 공간은 상상할 수 없이 좁기 때문에 지금도 노인들은 비록 육체적으로 조금은 더 힘들더라도 농촌의 시골집에서 홀로 지내는 편이 스스로 운동이 될 뿐만 아니라 더욱 마음까지도 넉넉하다고 생각한다.

　최근에 이르러 우리 문화의 정체성을 확립하려는 의식이 높아지면서 우리 것을 찾으려는 노력이 일고 있다. 그러나 안타깝게도 전통 가옥을 지을 수 있는 장인의 부족과 경제적인 부담 때문에 우리의 전통적인 살림집은 거의 사라지고 있으며 민속촌이나 한옥 보호 지역에서 겨우

유물로만 그 명맥을 잇고 있다. 건축 분야에서도 우리나라의 기후에 맞는 주택의 장점을 찾고 오늘에 되살려 우리의 몸과 정신에 알맞은 우리 주택의 정립이 필요하다.

우리나라에서는 언제부터인가 모르는 사이에 국민의 절반 이상이 아파트에서 살게 되었다. 그래도 아파트에서의 방바닥은 파이프를 통해 더운물이 흐르는 온돌이고, 한지로 만든 장판은 아니더라도 장판 무늬의 비닐 바닥재를 선호하며, 거실은 마루처럼 나무나 나무 무늬의 합판을 깐 거실에서 모두가 생활하고 있다. 이러한 우리 모습을 볼 때에, 우리의 마음속에는 어떤 형태로든지 전통 가옥의 모습이 남아 있음을 느낄 수 있다. 나무판을 깐 거실에 소파를 들이고 장판이 깔린 안방에 침대를 들이고 생활하는 우스운 모습의 생활을 결코 우습게 생각하지 않고 당연한 일로 받아들이는 우리이다. 그만큼 바뀐 우리의 생활 속에서도 이제는 조금씩 진정한 우리 문화의 정체성을 생각하고 우리 건축에서도 우리 주택의 새로운 모습을 만들어 가야 할 것이다.

사람들이 건강하게 즐기며 살 수 있는 집은 겉모양이 아름다워야 하는 것만은 아니다. 무엇보다도 집안에서 편안하게 살림을 할 수 있어야 한다. 집안의 공간이 비록 좁더라도 규모 있게 나누어 활용을 한다면 그것이 살림을 잘하는 것이다. 요즈음에는 마당이 없는 아파트에서 생활하는 경우가 많으므로 어떻게 해서든지 좁은 공간을 알차게 이용하려는 인테리어에 대한 관심이 높다. 물론 전문적인 지식을 필요로 하는 부분도 있지만 대부분이 경험에 비추어 스스로 해결하는 부분이 더 많다. 내부 공간을 이용할 때에 작은 나무나 꽃이 핀 화분을 놓아두는 것도 적절한 배려이다. 이렇게 살아 있는 생물과 함께 하는 생활 속에서는 그만큼 정신적인 여유를 느끼게 해 주는 것이 우리가 바라는 생활의 일부분이다.

사람은 혼자서는 살 수 없다. 그러기에 사람들은 함께 모여 서로 도우며 살고 있다. 우리나라에서도 경제가 발전하면서 더욱 많은 사람들이 도시로 모여들고 있다. 사람들은 모여 살기 마련이라고 하지만 너무나 많은 사람들이 한데 모이면 오히려 어려움과 오염이 뒤따른다. 그래서인지 요즈음에는 자연과 환경을 생각하는 사람들이 오히려 도시에서 그리 멀지 않은 전원에서의 생활을 원하고 있다. 그만큼 자연과 가까이 하면서 생활의 여유를 바라는 것으로 이해할 수 있다.

도시나 전원을 막론하고 어디에 살든지 환경의 오염과 공해 문제를 벗어날 수는 없다. 그러기에 우리의 생활에서도 환경 친화적인 생활 방법을 찾아야 한다. 무엇보다도 환경 친화적인 생활을 위해서는 주택의 건설에서부터 낭비나 과용을 막아 쓰레기를 줄일 수 있도록 해야 한다. 각 가정에서 화장실의 물 사용량을 줄이고 부엌에서 나오는 음식 쓰레기를 줄이는 것만으로도 엄청난 양의 자원을 절약하고 오염을 방지할 수 있다. 예전의 화장실에서 해오던 것처럼 배설물들을 물로 씻어 내리지 않고 한데 모아 자연 분해 방법을 활용할 수도 있다. 좌변기 밑에 연결된 굵은 관을 통해 배설물을 한군데로 모으고 여기에 음식 찌꺼기는 물론 톱밥이나 낙엽 또는 적당한 분량의 흙을 뿌리고 일정 기간 동안 자연적으로 발효시킨 다음에 텃밭이나 화단 또는 밭이나 숲에 퇴비로 뿌리는 방법이다.

물론 고층 아파트에서는 여러 가정에 분산되어 있는 화상실의 배설물을 한데 모으기가 어려워 이 방법을 사용하기 힘들겠지만, 저층 아파트나 주택에서는 충분히 이용할 수 있으며 이미 환경 선진국에서는 효과적으로 활용하고 있는 방법이다. 전원 주택이나 농촌에서는 집집마다 이러한 환경 친화적인 화장실을 얼마든지 독립적으로 설치할 수 있다. 도시에서도 자연과 환경을 사랑하며 후손을 염려하는 사람들이라면 이러한 화장실 시설을 마련하기가 그리 어려운 일은 아닐 것이다. 이러한 환경 친화적인 주택의 건설 방법은 혼자만의 노력으로 이루어지기 어려우므로 자치 단체 단위로나 행정 당국의 지원으로 설치하는 것이 효과적이다. 어쨌거나 이러한 환경 친화적인 주택을 건설하는 것이야말로 우리 것을 되살리며 우리가 후손을 위해 적어도 무엇인가 바람직한 일을 하는 것이라고 생각한다.

 환경의 오염을 줄이고 공해를 막자는 뜻으로 사람들이 생활하면서 만들어 내는 쓰레기를 줄이는 것이 요즈음을 살아가는 사람들의 공통적인 의식이다. 사람들이 많이 모여 사는 아파트 단지에서 쓰레기 치우는 일을 한번만이라도 거르게 되면 엄청난 양의 쓰레기가 쌓이는 모습을 볼 수 있다. 그래서 집집마다 재활용품을 모으고 쓰레기를 철저히 분리하는 것을 생활화하고 있다. 환경 수칙을 잘 지키는 사람들 가운데에도 얼마 사용하지 않은 가구를 바꾸는 사람도 있다. 가구 하나를 만드는 데 얼마나 많은 자연 환경이 희생되는지 깊이 생각하지 않고 편하고 좋다는 혼자만의 생각으로 하는 행동이다. 쓰레기 분리 수거와 같은 작은 일은 철저히 지키면서 멀쩡한 가구를 바꾸거나 새집으로 이사하면서 내부수리를 하는 등의 보다 더 큰 환경 오염을 일으키는 행동을 서슴없이 하는 사람을 일컬어 '생태맹'이라 부른다. 마치 컴퓨터를 다룰지 모르는 사람을 '컴맹'이라 부르는 것과 비교해서 만들어 낸 말이다. 정신 건강에 좋은 집은 생각만으로 이루어지는 것은 아니다. 환경을 생각하는 건축과 함께 건강한 정신 생활이 밑받침되어야 비로소 진실로 아름답고 건강한 집이 이루어지는 것이다.

고층 아파트 한 동에 사는 사람이면 옛날에는 족히 한 마을을 이루고 사는 사람들의 숫자와 맞먹는다. 한 마을에 사는 사람들이 서로 얼굴을 알고 집안에 어떤 일이 있는지 잘 알아 서로 나눔의 아름다움을 실천하며 사는 것처럼 한 아파트에 사는 사람들도 환경과 생활에 공동 관심을 기울이면 기울일수록 서로에 관한 관심이 높아지고 나눔의 아름다움까지 실천할 수 있다. 우리가 사는 세상이고 생활이기에 이전에 좋았던 삶의 장점을 되살려 살기 좋은 환경을 만들어가도록 서로 힘을 합쳐 노력해야 할 것이다.

2부

우리 몸을 채우는 먹을거리

장독대에 크고 작은 항아리들이 모여 있는 모습은 마치 할아버지로부터 손자까지 온 식구들이 한데 모여 웃고 있는 가족사진 같다.

김치를 맛보며 미생물의 힘을 느끼다

눈에 보이지 않는 미생물은 정말로 신비한 생활을 하고 있다. 물론 '신비'하다는 말은 다분히 사람 중심적인 말이다. 미생물의 입장에서 본다면 그들은 자신의 생명을 유지하기 위한 가장 기본적인 활동을 하는 것일 뿐이다. 그것은 생장에 필요한 영양분을 흡수하고 살기에 적당한 장소를 찾아가며 삶의 조건이 알맞으면 순식간에 자손을 늘리는 지극히 평범한 생활이다. 사람이 살아가기 위해서 의식주가 필요하듯이 미생물도 의식주에 해당하는 것이 필요하다.

미생물의 '식'은 당연히 영양분이 되는 유기 물질일 테고, '주'는 미생물의 종류에 따라 다른 서식 환경일 것이고, '의'는 겉모습을 유지하고 본체를 보호해 주는 막 모양의 세포막일 것이다. 미생물의 세포막은 내부를 보호한다는 기본적인 뜻은 모두가 마찬가지이다. 다만 그들의 겉모습이 종류마다 독특한 삶의 방식에 맞추어 형태적으로만 다를 뿐이다. 미생물의 경우에서도 일정한 형태를 하고 있는 겉모습은 내부를 보호하는 기능은 물론이거니와 여러 가지 필요한 영양분을 흡수할 수 있는 기능을 가지고 있으며 필요에 따라 움직일 수 있다.

　미생물도 생물의 일종이므로 필요한 에너지를 얻기 위해 양분을 섭취해야 한다. 영양분의 섭취 작용은 대부분 세포막을 통해서 이루어진다. 미생물에게 필요한 영양 물질은 대부분이 유기 물질이다. 이 유기 물질은 고분자(유기 화합물 가운데 분자량이 1만 이상인 분자) 형태로 존재한다. 미생물들은 주위로부터 고분자 물질을 섭취한 다음에 몸 안에서 효소를 분비해 영양 물질을 저분자 상태로 바꾸고 그 과정에서 필요한 에너지를 얻어 생명 활동에 이용한다. 그런데 이 미생물은 한국인의 의식주에서도 결정적인 역할을 한다. 담장 속의 과학의 핵심 주인공인 셈이다.

　미생물은 생명을 유지하기 위한 대사 작용을 하면서 여러 가지 부산물을 만들어 내기도 한다. 이러한 부산물 중 어떤 것은 사람들이 유용하게 이용할 수 있다. 이처럼 미생물이 유용한 물질을 만들어 내는 과정을 우리는 발효(醱酵, fermentation)라고 한다. 미생물에서 얻는 대표적인 발효 산물로 알코올을 꼽을 수 있다. 막걸리를 비롯한 맥주와 포도주 등은 모두가 효모의 알코올 발효를 이용한 발효주이다. 알코올 이외에도 대표적인 발효 식품은 우리가 매일 먹고 있는 김치를 비롯해 된장, 간장, 고추장과 대부분의 절임류와 젓갈 등을 꼽을 수 있으며, 우유 발효 식품으로는 버터와 치즈 그리고 여러 종류의 요구르트들이 있다. 발효 식품 가운데 식초는 효모 이외에도 초산균을 특별히 이용한 식품이다.

　우리나라 사람들은 오래전부터 발효 식품을 많이 이용했다. 김치 없으면 밥을 먹지 못하고 어쩔 수 없을 경우에는 간장에라도 찍어 먹는다. 그것도 아니라면 고추장에 비벼 먹기라도 한다. 이와 같이 우리가 밥을 먹을 때에 함께 먹는 반찬의 종류를 살펴보면 김치를 비롯해 여러 종류의 장과 젓갈 그리고 갖가지 절임을 꼽을 수 있다. 이처럼 우리가 끼니때마다 먹는 반찬은 따지고 보면 거의 모두가 발효 음식들이다.

발효 식품은 현대의 냉장고 같은 장기 음식 보관 기구가 없던 시절에 자연에서 얻은 먹을거리를 오랫동안 보관할 수 있는 유일한 방법이었다. 배추나 무를 발효시키면 김치가 되고, 고추나 마늘이나 오이나 깻잎 같은 채소도 절이면, 오랫동안 그 맛을 즐길 수 있다. 고기나 생선도 적절하게 젓갈로 만들면 계절이 바뀌어도 맛볼 수 있다.

원래 음식물을 부패시키는 것은 미생물이다. 미생물은 동식물의 사체를 분해해서 자신에게 필요한 양분을 얻는데 이 과정의 산물이 알코올이나 장처럼 도움을 주는 경우를 '발효'라고 하고, 그렇지 않은 경우를 '부패'라고 한다. 인류는 이 발효를 수천 년 동안 연구해 왔다. 포도나무 아래 웅덩이에 우연히 떨어져 쌓인 포도에서 최초의 숙성된 포도주를 맛본 이래, 음식을 만드는 데 미생물을 이용하기 위해 온갖 실험을 해 왔다. 서양에서 발달한 빵, 맥주, 포도주 등이 모두 발효 음식이고, 동양권의 간장, 고추장, 된장 그리고 온갖 젓갈 역시 발효 음식 아닌가? 물론 옛 사람들은 이 발효가 미생물이 일으키는 조화라는 사실을 오랫동안 알지 못했다. 겨우 300여 년 전 현미경이 발견되고 나서야 미세한 생물들의 세계가 있음을 알게 된 것 아닌가! 그래도 좀 더 좋은 발효 식품을 만들기 위해, 좀 더 나은 장맛을 내기 위해, 좀 더 감미로운 포도주를 만들기 위해 온갖 지혜를 짜냈다. 지금도 전통적인 방식으로 장을 만드는 곳에 가 보면, 발효 음식을 만드는 데 얼마나 깊은 정성이 들어가는지 볼 수 있다. 발효 식품은 미생물과의 공존의 길을 모색해 온 인류의 노력이 모여 이룬 결정체라 할 수 있을 것이다.

발효의 힘은 여기서 그치지 않는다. 우리나라 사람들은 오래전부터 채집해 먹어 왔던 식물 종류가 1,000종이 넘는다고 하니 웬만한 식물이라면 못 먹는 것이 없을 정도이다. 봄이 되면 쑥, 고사리 등을 캐 와 먹었고 여름, 가을에도 그 철에 맞는 풀을 채집해 와 나물을 무쳐 먹었다. 어떤 의미에서 우리 민족에게 그야말로 "잡초는 없다." 변산 공동체를 운영하는 윤구병이 펴낸 책이 있는데, 그 제목이 『잡초는 없다』이다. 많은 이들이 풀을 작물과 잡초로 나누지만, 하찮아 보이는 잡초도 발효 과정을 거치면 먹을 수 있는 발효 식품이 된다는 말이다. 잘만 이용하면 못 먹을 식물이 없다고 해도 그리 틀린 말이 아니다. 물론 모든 식물 재료를 그대로 채취해 먹는 것보다는 미생물의 도움을 받아 발효액을 만들어 필요한 때에 물에 타서 마시는 것이 좋을 수도 있다. 이러한 발효액은 요즈음 웰빙(well being) 바람을 타고 알려진 건강 식품의 하나로 사람들에게 많은 호응을 얻고 있다.

발효액을 만드는 법은 그리 어렵지 않다. 먼저 깨끗한 곳에서 식물을 채집한다. 햇빛과 바람 그리고 깨끗한 물을 먹고 자란 산 속의 식물은 산의 정기를 받았을 것이므로 분명히 공해 물질이 많은 곳에서 자란 식물과 큰 차이가 있을 것이다. 식물은 생육 시기에 따라 성분의 차이가 있으므로 독성이 가장 적은 시기에 깨끗한 여러 종류의 식물을 따서 섞어 주는 것이 좋다. 그래야 혹시라도 있을 독성을 중화시킬 수 있기 때문이다. 채취한 식물을 물에 깨끗이 씻어 말린 후에 설탕과 꿀을 섞어 버무려 항아리에 담고 일정한 온도가 유지되는 곳에서 자연 발효시킨다. 100일 정도 발효가 된 후에 원액만 걸러내어 다시 6개월 정도 숙성시킨 것을 발효액으로 이용한다. 깨끗한 곳에서 자란 식물로 만든 발효액은 사람들의 건강에 도움을 준다고 한다. 발효 자체가 사람에게 이로운 미생물 작용이기에 발효액은 우선 우리 몸에서 항산화력을 발휘하고 다음으로 대사 증진을 가져오며 또한 면역력을 증가시키는 효과를 나타낸다고 한다.

사람들이 살아가는 동안에 무엇보다도 커다란 영향을 받는 것은 아무래도 음식이다. 음식은 사람들이 살고 있는 지역과 풍토에 알맞은 재료를 이용해 가장 먹기 좋은 음식으로 개발한 것이기에 이른바 문화의 한 영역을 차지하며 하나의 음식 문화를 이룬다. 이 음식 문화는 어머니에서 딸로, 다시 그 딸로 이어지는 수천 년의 과정을 통해 형성된다. 그 과정에서 발효 음식이 발명되어 우리 음식 문화에 들어왔고, 그 발효 음식과 함께 미생물들이 들어와 우리의 음식 문화를 윤택하게 만들었다. 우리와 세대 수는 다르겠지만(인간의 한 세대가 30년 정도인 것에 비해 미생물의 한 세대는 몇십 분에 불과하다.) 그중에는 수천 년 전부터 우리와 함께 살아온 종도 있을 테고 수많은 진화를 겪은 종도 있을 것이다. 어쩌면 우리는 김치 한 점을 입에 집어 넣을 때마다 눈에 보이지 않는 거대한 생명의 세계와 진화의 역사를 맛보는 것일지도 모른다.

미생물과의 끝없는 전쟁

　맑은 하늘에 해가 빛나고 바람이라도 산들산들 불어오는 날에는 왠지 기쁘고 즐거운 일이 생길 것만 같아 마음이 설렌다. 그렇지만 아침부터 부슬부슬 비라도 내리면 하루 종일 우울한 기분이 들며 일이 손에 잡히지도 않아 마음이 싱숭생숭하다. 어디 그뿐인가. 지하실이나 지하도처럼 낮고 어두운 곳으로 들어가면 싫은 마음이 일어난다. 어둡고 습기 찬 지하실에 들어가면 퀴퀴한 냄새가 나고 무서운 생각이 떠올라 누구나 금방 그곳으로부터 벗어나려는 마음이 앞선다. 이렇게 어둡고 습기 찬 곳에서는 무엇보다도 거미줄은 물론이고 곰팡이를 비롯한 많은 미생물들이 살고 있다는 생각이 먼저 떠오른다. 그래서 사람들은 밝은 곳에서 생활하기를 원하고 또한 햇빛이 잘 비치는 양지바른 곳에 집을 짓고 산다.

　사람들은 누구나 가능하다면 햇빛이 잘 드는 집에서 살기를 원한다. 햇빛이 잘 들어 밝은 곳이니 모든 것이 잘 보이는 것은 물론이고, 어둠을 밝히기 위해 필요한 불빛을 만드는 등잔이나 호롱불을 이용하지 않아도 된다. 그래서 사람들이 살기 좋은 집을 지을 때에는 동쪽으로 대문을 내고 남쪽을 향해 집을 앉힌다. 그래야 밤이 긴 겨울철에도 집안으로 깊숙이 빛이 들어와 그만큼 밝은 생활을 할 수가 있다. 혼자 사는 집이 아니라 여럿이 모여 사는 동네도 이와 마찬가지이다. 집이 다닥다닥 붙어 있는 밀집 지역은 사람들이 살기에 불편하다. 해가 비치는 낮에도 햇볕을 고루 나누어 가지지 못하기 때문이다. 그뿐만 아니라 비가 많이 내리는 여름철에는 물기가 금방 마르지 않아 사람들이 다니는 길마저 질척거리는 경우가 많다.

일반적으로 미생물들은 녹색 식물과 달리 광합성을 하지 않으므로 햇빛이 없는 어두운 곳에서, 필요한 영양분을 찾아 먹고, 알맞은 온도와 적당한 수소 이온 농도(pH)의 조건만 갖추어지면 잘 살아갈 수 있다. 대부분의 영양분은 물에 녹거나 또는 물을 포함하고 있으므로 적당한 습기만 있으면 미생물이 살기에 좋은 조건이 될 수 있다. 그래서 여름철 음습한 곳에서는 곰팡이를 비롯한 여러 종류의 미생물들이 잘 번식하는 것을 볼 수 있다. 그리고 지하실이나 어둡고 습기 찬 창고 안에서도 항상 미생물이 살고 있으므로 미생물은 어쩐지 꺼림칙한 대상으로 생각하는 사람들이 많다. 그러나 미생물은 발효 음식에서 볼 수 있는 것처럼 인류의 오랜 동맹자이기도 하고, 간단하게 실천할 수 있는 방법으로 해로운 것들만 쉽게 제거할 수 있다.

옛날부터 사람들은 미생물이 있음직한 곳에 있는 물건들을 정기적으로 바깥에 내어다 햇볕을 쪼여 말리거나 아니면 바람을 끌어들여 습기를 제거해 주었다. 거풍(擧風)이라고 하기도 하는 이러한 작업은 미생물들이 살 수 있는 조건을 교란시켜 미생물들이 살 수 없게 만드는 것이다. 이것도 우리 전통 속 살림의 지혜 가운데 하나이다. 미생물을 죽이는 살균의 개념을 알지 못했던 옛 어른들이지만 오랜 경험을 통해 깨끗하고 위생적인 처리 방법을 알고 있었던 것이다. 우리 어머니나 할머니는 깨끗이 빤 빨래는 물론이고 부엌의 식칼이나 도마 그리고 대나무 소쿠리나 광주리 등을 햇볕이 쨍쨍 내리쬐는 마당이나 장독대 또는 마루에 내어다 말렸다. 부엌에서 음식을 만드는 데 사용하는 조리 기구는 물론이고 경우에 따라서는 이부자리까지도 햇볕에 널어 말리거나 햇볕을 쪼이는 것은 오래전부터 자외선을 이용한 자연 살균법이라 할 수 있다.

이발소나 미용실에서도 머리카락을 다듬는 여러 가지 도구를 자외선 살균 상자에 넣어 두고 쓰거나 음식점에서 물컵을 자외선 살균기 안에 넣어 두고 쓰는 것도 모두가 미생물의 위험으로부터 벗어나려는 방법들이다. 흐르는 계곡물이나 시냇물도 햇빛을 받아 흐르면 자연적으로 살균되기 마련이다. 자외선의 살균력은 물속 깊이 들어가지 못하고 주로 표면에 작용하지만, 물이 뒤집히고 조약돌을 굴리면서 흐르는 곳에서는 더 많은 살균력이 나타나고 공기 중의 산소도 그만큼 더 녹아들어 사람들이 이용하기에도 좋은 물이 된다. 미생물의 오염을 방지하기 위해서 자외선 살균등이 있는 작업대에서 실험하는 것도 모두가 한결같이 자외선의 살균력을 이용하려는 뜻에서다.

우리가 생활하는 집과 학교 그리고 직장 등의 모든 생활 공간은 미생물들의 서식처이다. 그 가운데에서도 특히 부엌은 섭씨 20도 내외의 적당한 온도와 알맞은 습기가 갖추어져 있으므로 여러 가지 미생물들이 잘 살 수 있는 공간이다. 물론 냉장고에는 검은곰팡이, 붉은곰팡이 및 포도상구균 등이 살고 있고, 그 밖의 부엌 곳곳에 대장균 같은 여러 세균들이 살고 있다. 심지어 최근의 조사 결과에 따르면 수세식 화장실이 미생물 수가 더 적다고 할 정도이다.

물론 이처럼 수많은 미생물 가운데에는 식중독을 일으키는 병원성 미생물이 포함되어 있기도 하지만, 대부분의 미생물은 우리 생활에 도움이 된다. 실제로 조사해 보면 전체 미생물 가운데 불과 1퍼센트도 안 되는 극히 소수의 미생물만이 해로운 종류이다. 우리는 이러한 사실을 제대로 이해하지 않고 생활 주변뿐만 아니라 몸 안에 있는 미생물을 없애고자 쉴 새 없이 항생 물질을 비롯한 온갖 살균제를 투여하고 있다. 이것은 옥과 돌을 같이 태우는 우를 범하는 일이다. 심지어 지나친 청결이 신체의 저항력을 떨어뜨려 다양한 아토피성 질환을 야기한다고 하지 않는가. 이제 우리는 미생물에 대해 정확히 이해하고 꼭 필요한 만큼만 항생제나 살균제를 사용하는 방향으로 생활 습관을 바꾸어야 한다.

우리 생활 주변에 살고 있는 많은 미생물 가운데 병을 일으키는 병원균이 있다. 호흡기 병원균은 주로 공기를 통해 전파되고, 소화기 병원균은 물과 음식물을 통해 전염된다. 특히 식중독, 콜레라, 장티푸스, 이질 등의 전염병이 물과 음식을 통해 이동하는 미생물이 야기하는 병이다. 이러한 질병을 막으려면 무엇보다 주방과 그곳에서 사용하는 기기를 위생적으로 관리해야 한다. 항균 수세미도 있고 다양한 항균 조리 기구들도 있다. 그러나 그런 상품을 사다 쓰는 것만으로는 문제가 해결되지 않는다. 그러한 항균 기구라고 해도 주기적으로 햇볕에 말려 주거나 자외선 기구를 이용해 소독해 살균을 해 줘야 한다.

미생물 대처 방법에는 '항균'과 '길항'이라는 접근법이 있다. 항균 작용의 개념은 미생물의 생장을 근본적으로 억제하는 것이다. 그러므로 항균 작용은 어떤 방법으로든지 미생물이 살지 못하도록 해 결과적으로는 죽음에 이르게 한다. 길항 작용은 어떤 미생물이 더 또는 먼저 효과적으로 증식할 수 있도록 만들어 주어 다른 미생물이 잘 자라지 못하도록 방해하는 것이다. 미생물 간의 경쟁을 조장하는 것이다. 특정 미생물은 독특한 물질을 만들어 내는데, 이러한 물질이 다른 세균의 증식을 억제하는 경우도 있다. 이러한 물질을 이용해 살균제나 소독제로 만들기도 한다.

미생물의 생장을 억제하는 방법으로는 먼저 생장을 저해하는 물질을 생산해 이것을 독소로 작용시키는 것이 있다. 다음으로는 특별한 물질을 영양분으로 이용하는 종류만 선택적으로 생장하도록 하는 방법이 있다. 마지막으로 해를 끼치지 않는 어느 한 종류가 우점종으로 먼저 생장해 다른 해로운 종류가 살 수 없도록 자리를 먼저 차지하는 방법이 있다. 어떠한 방법이든지 이미 우리가 살고 있는 생활 주변에서 우리가 느끼지 못하는 동안에도 자연적으로 일어나고 있는 현상이다. 우리는 이들 가운데 어느 한 방법을 채택해 우리가 제거하기 원하는 미생물을 효과적으로 억제하는 것이다.

또 다른 미생물 대책으로는 약품과 열을 이용해 미생물을 죽이는 것이 있다. 이것을 '살균' 또는 '멸균'이라고 한다. 또한 살균제를 이용해 병원균을 죽이는 것을 '소독'이라고 부르며 일반적으로 서로 비슷한 의미를 가진 살균과 소독이라는 용어를 서로 섞어 쓰기도 한다. 그렇지만 음식에 들어 있는 미생물을 없애기 위해 살균제나 소독약을 넣지는 않는다. 이를테면 젖먹이가 먹는 우유를 약품을 사용해 소독할 수 있겠는가! 그래서 끓는 물로 우윳병을 소독하고 건조해 사용하는 것이다. 또

수돗물에 불소를 첨가해 충치를 예방하자는 제안이 종종 나오곤 하는데, 이 역시 살균 접근법이다. (물론 수돗물 불소 첨가는 비용 문제나 여타 보건·환경 문제 때문에 우리나라에서는 실행되지 않고 있다.) 그리고 앞에서 설명한 햇볕이나 자외선을 이용한 미생물 제거도 일종의 살균법이다.

가장 많이 사용되는 살균법은 살균제(화학 물질)를 사용하는 것이다. 식품이나 식품과 접촉하는 기구에서 부패균이나 병원균을 살균시키는 것을 식품 살균제라고 부른다. 식품에 직접 사용하는 것으로는 과산화수소, 표백분, 하이포아염소산(hypochlorous acid), 하이포아염소산나트륨(sodium hypochlorite) 등이 있다. 과산화수소는 국수나 어육 제품에 사용하지만 독성이 있어 사용량을 제한하고 있다. 국수나 어묵에서는 1킬로그램당 0.1그램 이하로 사용해야 하며, 다른 식품에서는 0.3그램 이하로 사용해야 한다. 표백분은 음료수나 식기나 식품 가공 기구를 살균하는 데 사용되고, 하이포아염소산나트륨은 식기나 식품의 가공 기구를 살균하는 데 이용된다. 하지만 이러한 살균제가 사용된 식품은 그 내용을 표시해 주어야 한다.

그러나 어떠한 수단과 방법을 동원하더라도, 아무리 과학과 기술이 발전하더라도 멸균 상태를 오랫동안 그대로 유지하기는 어려운 일이다. 미생물과의 전쟁에서 인류가 궁극적으로 승리하기에는 너무나도 많은 비용과 희생을 치러야 할지도 모른다. 그러나 생각을 바꿔 보면 어떨까? 어차피 우리는 미생물과 함께 살아갈 수밖에 없다. 그렇다면 그들에 대해 좀 더 자세히 알고 좀 더 깊이 이해해 그들이 우리에게 해를 주지 않게끔 유도할 수는 없을까? 발효 기술을 발명했던 것처럼 말이다.

조상들의 지혜에서 이에 대한 실마리를 발견할 수 있을지도 모른다. 우리네 조상들은 새로운 약품을 사용하지 않더라도 삶고, 건조하고, 햇볕에 널어 말리는 등의 간단한 방법만으로도 미생물을 제거, 더 정확하게 이야기하면, 관리해 왔다. 이것은 미생물의 생육 조건을 변화시켜 미생물이 가져다줄지도 모르는 해악을 피해 가는 방법이다. 이 지혜를 잘 이용한다면 미생물과 싸운답시고 자기 몸까지 파괴하는 어리석음에서는 벗어날 수 있을 것이다. 비록 손이 한 번 더 가고 발품을 팔아야 한다는 귀찮은 점이 있지만 보다 자연에 가까운 방법을 찾아 현대 생활에 이용하는 것도 오히려 아름다운 일이리라.

우리 음식의 농익은 맛과 간

"음식은 뭐라 해도 손맛과 장맛에서 우러난다."라는 이야기를 누구나 한두 번쯤은 들어봤을 것이다. 손맛이 요리하는 사람의 솜씨라고 한다면, 장맛은 미생물의 솜씨라고 할 수 있을 것이다. 실제로 우리 음식에서 절대 빼놓을 수 없는 장들은 미생물들의 협력이 없으면 만들 수 없다. 어머니의 정성이 담긴 음식의 맛은 인간과 자연이 한데 어우러진 절묘한 맛일 것이다.

미생물과 인류가 함께 만든 장 중 대표 선수는 간장일 것이다. 간장은 소금 대신에 짠맛을 내는 중요한 재료이다. 유명 맛집이나 요리 솜씨로 이름 높은 집은 저마다 독특한 맛을 내는 간장 담그는 비법이 있다고 한다. 음식의 간을 맞추는 간장은 언제 담갔는가에 따라서 햇간장(담근 지 1년 이하의 장)과 국간장(묽은장이라고도 하고 담근 지 1~2년 된 장)과 중간장(담근 지 3~4년 된 장) 그리고 진간장(담근 지 5년 이상 된 장)으로 나누며 필요에 따라 골라 사용했다. 옛날부터 각 가정에서 담갔던 장은 주택과 생활의 변화에 따라 집에서 담그기가 어려워졌기 때문에 요즈음은 많은 가정에서는 식품 공장에서 생산되는 장을 사다 먹고 있다. 콩으로 만든 간장은 햇간장일 때에는 색깔이 연하므로 국의 간을 맞추기에 좋고, 해를 묵힐수록 빛깔이 진해지는 진간장은 찌개나 조림 같은 음식의 간을 맞출 때에 많이 이용한다.

음식의 간을 맞추는 데는 콩으로 만든 메주장만이 아니라 멸치젓으로부터 얻은 멸장을 이용하기도 한다. 예전에 멸장은 바닷가에서 가까운 도서 지방이나 해안 지방을 중심으로 많이 사용했는데, 요즈음에는 상업적으로 대량 생산되므로 전국 어디에서나 사람들이 손쉽게 구해 이용할 수 있다. 멸장 등의 동물성 간장은 메주로 만든 간장에 비해 맛이 좋기는 하지만, 오래되면 맛이 떨어지는 단점이 있으므로 오래 저장하지 않고 바로 이용하는 것이 더욱 효과적이다.

또 다양한 미네랄과 영양 물질을 함유한 간장은 약으로 쓰이기도 한다. 예를 들어 소화 능력이 떨어져 있는 노약자나 환자 또는 오랫동안 식사를 끊었던 사람들에게 바로 밥과 물을 먹이는 것은 독약을 주는 것과 같다고 한다. 이런 사람들에게는 간장을 물에 묽게 타서 마시게 한다. 그렇게 하면 신진 대사에 필요한 광물질과 영양 물질을 몸이 받아들이기 쉽게 공급할 수 있고, 사람의 입맛을 돌아오게 할 수 있다. 옛 사람들이 죽이나 미음을 쑬 때 소금으로 간을 맞추지 않고 간장으로 간을 맞춘 것에는 이러한 이유가 숨어 있는 것이다.

맛의 종류에는 단맛, 짠맛, 쓴맛, 신맛, 매운맛의 다섯 가지가 있다. 매운맛을 제외한 네 가지 맛은 모두가 혀의 표면으로 느끼지만, 매운맛은 이들과 달리 입안 전체로 느끼게 된다. 그래서 사람들은 매운맛의 감각을 일컬어 통각(痛覺)이라고 하며, 매운 고추나 후추를 먹었을 때에 입안 전체가 얼얼한 것도 이와 같은 이유에서이다. 그래도 매운맛을 한번이라도 경험해 본 사람은 그 맛을 잊지 못하고 또다시 찾는 것은 적당히 매운맛이 미뢰를 자극해 긴장감을 주면서 식욕을 돋우기 때문이다.

이 다섯 가지 맛 이외에도 떫은맛이 있는데, 이것은 혀의 표면에 있는 점성 단백질이 잠깐 동안 변성되어 맛을 느끼는 신경이 마비되면서 일어나는 일시적인 현상이다. 떫은맛을 대표하는 것은 덜 익은 감이다. 땡감이라고도 부르는 덜 익은 감에는 타닌(tannin) 성분이 들어 있어 떫은맛을 낸다. 더 정확히 말하자면 타닌 성분의 하나인 디오스피린(diospyrin)이 있다. 이 물질은 물에 녹는 수용성이라 입에 들어가면 침에 녹아 미각 신경을 마비시킨다. 그러나 감이 익으면 이 성분은 불용성으로 바뀌어 입에 들어가도 미각 신경을 건드리지 않고 혀를 지나가기 때문에 익은 감에서는 떫은맛이 사라진다.

장을 담그는 것은 기본적으로 어렵지 않다. 적당한 양의 소금물에 메주를 담근다. 간장을 만드는 데 쓰이는 메주는 콩을 삶아 찧은 후 뭉쳐서 띄운 것인데, 띄운다는 것은 콩 단백질을 고초균(枯草菌, Bacillus subtilis)을 비롯한 여러 종류의 미생물들이 가수 분해 효소를 분비해 단백질을 아미노산으로 분해시키는 것이다. 이러한 분해 과정이 있으므로 된장이나 간장에는 아미노산이 많이 들어 있고, 그래서 또한 간장이 콩보다도 소화 흡수가 빠른 이유이다. 고초균은 짚에 많이 붙어 있으므로 메주를 짚으로 묶어 두는 것도 옛사람들이 경험을 통해 과학적인 사실을 생활화한 것으로 알고 보면 참으로 놀라운 생활의 지혜이다. 여기에 고추와 숯을 띄우는 데 이것은 잡균이 들어가지 않도록 예방하는 것이다. 고추의 캅사이신은 유산균의 발육을 돕고, 안 좋은 세균의 생장

집 한켠에서 음식들을 말리는 모습. 냉장고나 특별한 음식 보존 기술이 없던 시절, 우리 조상들은 음식을 오래 보관하기 위해 온갖 아이디어를 짜내고는 했다.

을 방해하며, 숯 역시 잡내와 불필요한 미생물의 번식을 막아 준다. 물론 이와 같은 과학적 이유만이 아니라 미신적 이유도 있었다. 고추의 붉은색은 귀신들을 내쫓고 숯은 부정한 것을 불로 정화한 것을 의미한다고 여겼다. 장 담글 물에 소금을 얼마나 풀어야 할지 모를 때에는 바가지에 물을 담아 소금을 푼 다음에 달걀을 띄워 보고 수면으로 떠오를까 말까 할 때까지만 소금을 풀면 된다. 메주덩이가 소금물을 흠뻑 먹고 나면 소금물 위로 머리를 내밀까 말까 할 정도로 잠기기 마련이다. 그러나 처음에는 잘 잠기지 않고 떠오르는 경우도 있다. 그럴 때에는 대쪽 몇 개를 아래쪽으로 휘게 해 항아리 입구 안쪽에 가로질러 걸어 두면 메주가 소금물에 충분히 잠긴다. 이렇게 메주가 떠오르는 것을 막는 것도 공기와의 접촉을 줄여서 잡균이 피는 것을 방지하는 지혜로운 방법이다.

　장을 담고 고추와 숯까지도 넣고 난 다음에 두둑한 항아리 겉쪽에 흰색의 버선본을 오려 거꾸로 붙인다. 아무리 생각해도 이해하기 어려운 미신 같은 이야기이다. 그렇지만 곰곰이 생각해 보면 그럴 만한 이유를 찾을 수 있다. 옛날에는 반짝이는 종이가 물론 없었기에 백색 종이에서 반사하는 빛으로 벌레가 꼬이지 않게 막았을 것이라고 생각할 수 있다. (요즈음 과수원에서 바닥에 은박지를 깔아 주는 것도 햇빛을 받아 반짝이는 빛 때문에 벌레가 피해가는 효과를 기대하는 것도 있지만, 아래쪽으로 처진 과일이 반사되는 햇빛을 받아 더 잘 익게 하려는 목적이 들어 있다고 볼 수 있다.) 버선본을 거꾸로 붙인 것에는 장맛이 변하더라도 본래의 제 맛으로 되돌아오라는 뜻도 함께 들어 있다. 그리고 버선본은 버선을 만들 때에 항상 사용하는 본이다. 꼭 맞게 만들어야 아름다운 발 모양을 만들어 주는 버선은 본에 따라 마름질하고 선에 맞춰 바느질해 만든다. 아마도 여인들의 아름다움을 향한 마음이 음식에까지 이어지기를 바라면서 가장 많이 이용하는 버선본을 붙인 것이라 생각하는 것도 적절한 설명의 하나라고 할 수 있다.

장독도 장맛에 결정적 영향을 끼친다. 그래서 집집마다 맛있는 장을 담기 위해서는 좋은 독을 고르는 것부터 시작한다. 옛 어른들은 항아리가 다 똑같은 것이 아니라 특별히 숨쉬는 항아리가 있다고 했다. 그러므로 숨쉬는 항아리를 골라 장을 담근 것은 물론이고 이러한 장독 항아리는 대를 물릴 정도로 귀하게 여겼다. 그러기에 장을 담글 때에는 알맞은 독을 가려서 물로 깨끗이 씻은 다음에 일정한 기간 동안 물을 담아 두었다가 버리고 장을 담갔다. 이렇게 정성을 다해 장을 담그는 것은 항아리에 술을 담그는 것과도 같은 방법이다.

항아리를 귀하게 여기고 수요에 맞추어 좋은 항아리를 만들다 보니 지역에 따라 특색 있는 항아리의 모습이 갖추어졌다. 지금은 항아리를 많이 이용하지도 않고 더구나 교역이 발달하면서 항아리들이 가진 지역적인 차이를 구별하기가 그리 쉽지 않다. 그래도 관심을 갖고 눈여겨 살펴보면 영남과 호남 및 기호 지방 그리고 이북 지방의 항아리에서 조금씩 다른 형태적인 아름다움을 느낄 수 있다. 그것은 어쩌면 지역에 따라 차이가 나는 자연 환경에 맞추어 항아리를 만들었기 때문일 것이다.

아마도 지역적인 특성을 가장 잘 나타내는 항아리는 전라도 독으로 허리가 굵어 두툼한 모습이 특징이다. 이처럼 풍만하게 생긴 전라도 독은 햇빛이 그만큼 잘 들어 장맛이 좋을 수밖에 없다. 이와 달리 경기도 지역의 항아리 형태는 비교적 허리가 가는 날렵한 모습이 특징적이다. 그렇다면 충청도 지역의 항아리는 전라도 독과 경기도 독을 절충한 모양이라고 할 수 있다. 어쨌든 좋은 항아리를 골라 장을 담가야 장맛이 좋으니 좋은 독을 고르는 것이야말로 주부들의 숨은 살림 솜씨라고 할 수 있다. 대체로 좋은 항아리는 두드려 봐 맑은 소리가 나고 약간 누르스름한 색깔이 우러나오는 것이라고 한다. 만든 시기를 보더라도 봄과 가을에 만든 항아리가 여름과 겨울에 만든 것보다 습기가 적어 맑은 소리가 나고 따라서 장맛도 좋다고 한다.

간장 말고 한국의 음식 문화를 대표하는 장으로는 고추장을 꼽는다. 고추장은 고추를 재료로 만든 우리나라 고유의 음식인데, 우리나라 사람들이 외국에 여행할 때에 반드시 챙겨가는 특별한 기호식품이다. 고추장은 녹말이 가수 분해되면서 만들어 낸 당분의 단맛과 메주콩이 가수 분해되면서 만들어 낸 아미노산의 구수한 맛 그리고 소금의 짠맛이 어우러져 고추장 특유의 맛을 만들어 낸다. 물론 고추장 맛은 재료의 혼합 비율과 숙성 과정에 따라 맛이 달라지므로 각 가정에서 만드는 고추장의 맛이 다르고, 한 가정에서 만든 고추장이라고 하더라도 담글 때마다 조금씩 맛에서 차이가 나기 마련이다. 요즈음에는 당화력과 단백질 분해력이 강한 국균(麴菌)으로 발효시킨 개량 메줏가루로 담그면 더욱 맛있는 고추장을 담글 수 있기에 많은 가정에서 이용하고 있다.

앞쪽으로는 단지나 작은 항아리들이 놓여 있고 그 뒤로 중간 크기의 항아리가 늘어서고 뒤쪽에는 보다 큰 항아리들이 자리 잡고 있는 장독대 모습은 누가 보아도 한 폭의 그림과 같다. 더욱이 담장이나 대나무 숲을 배경으로 자리한 장독대의 크고 작은 항아리들이 햇빛을 받아 반짝이는 모습은 마치 한집안 식구들이 모여 가족사진을 찍는 것 같은 모습이다. 저마다 반질반질 윤기를 발하며 웃음을 띠고 있는 듯한 크고 작은 항아리들의 모습은 할아버지 할머니를 모시고 아빠 엄마 그리고 아이들이 함께 모여 함박웃음을 터뜨리는 것처럼 아름답다.

김치의 재발견

계절의 변화가 뚜렷한 우리나라에서는 추운 겨울을 대비해 여러 가지 먹을거리를 마련해야 한다. 1년이 마무리될 즈음이면 주부들의 마음과 손길이 한창 바빠진다. 한여름 내내 들판에서 자란 곡식을 거두어들여 주식 문제는 해결했다 하더라도, 겨우내 식구들이 부식으로 먹어야 할 김장을 담가야 비로소 겨울 채비를 마치기 때문이다.

노란 색깔의 속이 꽉 들어찬 배추를 두 조각도 모자라 네 조각으로 나누어 소금에 절이고, 단맛이 풍기는 무를 채 썰고 파를 듬성듬성 잘라내어 거기에 고춧가루, 마늘, 생강 등 갖은 양념과 함께 맛깔스러운 젓갈이며 생굴까지 버무려 속을 만든 다음에 절인 배추 잎사귀 사이에 끼워 넣어 항아리에 켜켜이 담아 겨우내 땅에 묻어 익힌 것이 김장 김치이다. 잘 익은 김치에는 천연 유산균이 듬뿍 들어 있기에 그야말로 살아 숨쉬는 음식이며, 이러한 김치는 다른 나라에서는 쉽게 찾아보기 어려운 영양 덩어리 음식인 셈이다.

김장을 담그는 날은 손이 덜 타고 살이 끼지 않은 날을 잡아 마치

잔칫날처럼 많은 사람들이 모여 북적거리며 김장을 한다. 김장할 날을 잡는 것은 종교적인 믿음이라기보다는 마음으로부터 우러나오는 정성의 표현이라고 보아야 한다. 배추를 절이고 김장을 하는 날 며느리의 심기가 불편하면 그 해의 김장 맛이 떨어진다고 해 마음가짐조차 경건하게 가다듬도록 했다. 절인 배추를 씻을 때에는 속까지 깨끗하게 씻지 않으면 뱃속의 아이가 태어날 때에 검은 피부를 갖고 태어난다는 말로 겁을 주기도 했다. 그만큼 김장을 담그는 것은 정성을 기울여 준비하는 집안의 큰 행사이다.

김장은 속이 잘든 배추를 골라 반으로 쪼개거나 더 큰 것은 반의반으로 쪼개 절이는 일로부터 시작한다. 배추를 절이는 소금도 그냥 막소금이 아니다. 간수를 빼고 갈무리해 둔 양질의 소금을 물에 풀어 소금물을 만들어 놓고 쪼갠 배추를 담갔다가 큰 그릇에 담으면서 그 위에 다시 소금을 뿌려 가며 절인다. 보통 배추는 12시간 정도 절이므로 대개는 오후에 절이는 일이 시작되기 마련이다. 그래서 주부들은 밤중이나 새벽에 잠을 설치면서도 일어나 한두 번씩은 배추를 뒤집어야 했다.

배추를 절일 때에도 소금의 농도가 너무 높으면 절인 배추가 그야말로 파김치처럼 축 늘어져 버린다. 그렇다고 해서 소금을 적게 넣으면 뉘어 놓은 배추 속잎이 바짝 고개를 쳐들기도 한다. 배추를 절인 물의 소금 농도는 대체로 5~6퍼센트이다. 이 정도는 바닷물 염분 농도의 두 배에 해당한다. 그러기에 바닷가에서는 소금물 대신에 깨끗한 바닷물에 배추를 절일 수도 있다. 절이는 시간을 두 배로 늘리면 같은 효과를 얻을 수 있기 때문이다. 물론 이론적으로 그렇다는 것이고 또한 그리 할 수도 있다는 말이다. 어쨌거나 김장은 좋은 소금을 마련해 배추를 절이는 일부터 온갖 정성을 기울이게 된다.

김치의 재료로는 배추와 무를 비롯한 채소 이외에도 많은 것들이 들어간다. 양념으로는 고추·마늘·생강·파·갓·미나리 등이 들어가고, 젓갈류로는 새우·멸치·조기·오징어·굴 등이 첨가되며, 과일류로는 잣·밤·사과·배 등을 넣기도 하고, 그 외에 들깨·호박·죽순·깨죽 등이 곁들여진다. 이러한 여러 종류의 재료가 한꺼번에 다 들어가는 것이 아니고, 지방이나 가정, 또는 담는 사람들의 마음이나 생산품에 따라 적당히 첨가하거나 빼기 마련이다. 우리 음식에서 '갖은 양념'이라는 표현을 쓰는데, 실제로 우리 음식에 들어가는 양념의 종류는 그리 많은 편이 아니다. 김치에만 들어가는 양념들이 따로 있는 것이 아니고 그 종류도 그리 많지 않고 대부분이 다른 음식에 들어갈 수 있는 종류의 양념들이다. 그러기에 양념은 1년 내내 부엌에 놓아두고 조리할 때마다 필요한 만큼 덜어내어 이용하는 것이다. 이렇게 '적당히'라는 표현은 가장 맛있는 정도에 이르게 하는 경험적인 양이라고 생각해도 무리가 없다.

김치는 자연 발효에 의해 익어 가기 때문에 재료의 종류나 계절의 변화에 따라 여러 종류의 미생물이 관여한다. 김치가 발효하기 위해서는 효모나 유산균 등의 미생물들이 번식해야 하는데, 바로 담근 김치에서는 이러한 미생물들이 자리 잡는 조건이 충분하지 않다. 그래서 김치나 고추장을 담글 때 찹쌀가루나 밀가루로 풀을 쑤어 넣어 준다. 풀 속에 들어 있는 전분을 비롯한 여러 가지 영양분은 김치 속에 들어 있는 미생물들이 쉽게 자랄 수 있도록 해 주는 일종의 배지 역할을 하기 때문이다. 이처럼 우리가 원하는 특정한 미생물이 처음부터 자리를 잡고 자라기가 힘겨울 때에 잘 자랄 수 있도록 도와주는 것을 학술적인 용어로 '시동 배양(start culture)'이라 부른다. 김치의 재료가 되는 배추나 무뿐만 아니라 배춧잎 사이에 들어가는 속에 포함되어 있는 여러 종류의 효소로 인해서 김치가 익을 수 있지만, 김치 안에 들어 있는 미생물들로 인해 더욱 효과적으로 발효가 일어난다.

김치 발효균은 주로 유산균들이지만 초기에 번식하는 호기성균들도 숙성에 관여해 나름대로 독특한 김치 맛을 내는 데에 도움을 준다. 김치에 들어 있는 효모의 수는 세균에 비해 훨씬 적지만 여러 종류의 효소를 가지고 있어서 김치 안의 여러 가지 탄수화물을 분해하고, 김치의 유산균(乳酸菌, 젖산균)은 당을 분해해 시큼한 맛이 나게 해 준다. 잘 익은 김치 국물에서 시큼한 맛이 나는 것은 바로 젖산 때문이다. 김칫국물에는 이러한 유산균들이 무더기로 들어 있다. 김치가 익는 정도도 재료나 온도 등의 조건에 따라 달라진다. 유산균의 발효 정도가 달라지기 때문이다. 특히 미생물들이 만들어 내는 여러 종류의 향미 성분이 더해지면서 특색 있는 김치 맛이 만들어진다. 김치가 익는 기간에 따라 여러 가지 맛을 내는 것도 모두가 미생물의 발효 정도가 다른 데에서 비롯된다.

김치의 발효 과정에 도움을 주는 미생물은 약 200종류의 세균과 여러 종류의 효모를 꼽을 수 있다. 발효가 시작되면서 호기성 세균과 혐기성 세균의 증가가 두드러져 보이지만, 김치가 익어 갈수록 호기성 세균의 수는 점점 줄어든다. 그 수가 완만하게 증가하는 효모(산소가 부족한 혐기적 상태에서도 자랄 수 있는 곰팡이의 일종이다.)보다도 줄어들었다가 나중에는 겨우 효모의 수와 비슷해진다. 그러나 혐기성 세균의 수는 김치가 익어 갈수록 증가해 잘 익은 김치에서는 이들이 거의 대부분을 차지하게 된다. 이들 혐기성 세균이 김치를 숙성시키는 데 관여하는 류코노스톡

메센트로이데스(*Leuconostoc mesentroides*)와 강한 산성 환경에서도 잘 살 수 있는 락토바실루스 플란타룸(*Lactobacillus plantarum*) 등을 비롯한 유산균들이다.

김치가 다른 음식과 달리 오랫동안 보관하더라도 썩지 않고 맛있게 익는 것은 우선 소금 덕분이다. 채소를 소금에 절이면 삼투압으로 인해 소금이 채소 안에 침투해 채소의 풋내 등을 제거하고, 씹기에 알맞은 정도로 수분을 감소시킨다. 소금에 들어 있는 마그네슘을 비롯한 염류는 채소 조직 속의 펙틴(pectin) 성분을 경화(硬化)시켜 아작아작 씹히는 김치의 독특한 맛을 만들기도 한다. 이와 함께 소금은 채소에 존재하는 부패 미생물과 조직을 무르게 하는 연화 효소 등의 활동을 정지시키는 작용을 한다. 이처럼 식품에 소금을 첨가해 부패를 막고 보존 기간을 늘리는 것을 염장법이라 한다. 채소를 절일 때 소금물의 농도가 8~10퍼센트 정도가 되면 토양에서 유래된 여러 세균들이 소금물로 살균되며 부패 원인균과 기타 잡균들은 대부분 소금으로 인해 활동력이 억제된다. 그러나 유산균은 비교적 높은 염농도에서도 번식력을 갖고 소금의 삼투압 작용에 의해 외부로 빠져나온 채소의 당 성분을 먹이로 왕성하게 발효를 계속한다.

김치를 담글 때 함께 넣는 생선이나 굴 따위의 해산물이 잘 익은 김치에서도 썩지 않고 모양을 그대로 유지하고 있는 것을 볼 수 있다. 김치가 발효되면서 미생물들이 만들어 낸 젖산이 축적되어 산성(pH 3.5~4.5) 상태로 바뀌는데, 유산균이나 효모는 산성에서도 거뜬히 살아남을 수 있다. 그렇지만 굴이나 생선을 썩히는 부패 원인균들은 주로 중성(pH 7) 근방에서 살기 때문에 김치 안에서는 이러한 세균들이 힘을 펴고 살아갈 수가 없다. 그래서 김치에 들어 있는 굴이나 생선은 내용이 다 빠지더라도 사라지지 않은 채 미라처럼 남는다.

잘 익은 김치가 겨울을 나는 동안 무르지 않고 제 모습을 유지하는 것은 소금 때문만은 아니다. 발효 미생물 중요한 역할을 한다. 일반적으로 김치는 염농도가 2~3퍼센트 수준일 때에 간이 알맞고, 이러한 상태에서 익었을 때에 맛이 좋다. 김치의 소금 성분과 발효 과정에서 생긴 젖산으로 인해 부패균의 번식은 점점 더 억제되지만, 효모나 유산균은 내염 및 내산성이 강해 이 정도의 염도와 젖산에서도 번식이 가능하다. 그렇더라도 김치를 오래 보관하다 보면 공기와 접촉한 표면에 부패균이 종종 발생하는 것을 볼 수 있다. 이러한 부패균이 발생하지 않도록 김치를 오랫동안 보관할 때에는 공기와 접촉하지 않도록 해 주는 것이 중요하다. 오이지나 동치미를 담글 때에 납작한 돌로 눌러 주는 것도 모두 오이나 무가 김치 국물에 잠겨 공기와의 접촉을 막아 부패를 방지하자는 뜻이다. 경우에 따라서는 김치를 비닐봉지에 담아 보관하는데, 이것도 공기와의 접촉을 피하는 방법이 된다. 김장 김치를 항아리에서 꺼내 먹을 때에도 남은 김치가 국물에 잠겨 있도록 꾹꾹 눌러 주거나 넓은 배춧잎으로 덮어 주는 것도 모두 같은 이치이다. 오래전부터 김치를 먹어 온 조상들의 삶의 지혜가 이런 데에 배어 있다고 하겠다.

대부분의 김장 김치는 항아리에 담아 땅에 묻었다가 겨우내 조금씩 꺼내먹을 수 있다. 그러기에 김장하는 날에는 남정네들도 마당 한 구석의 햇볕이 덜 드는 곳에 깊은 구덩이를 파고 김장 종류대로 여러 개의 항아리를 묻는다. 이렇게 땅에 묻은 김장 항아리는 온도의 급격한 변화를 막아 섭씨 -2도와 7도 사이를 유지해 낮은 온도에서도 자라는 유산균이 활동을 계속하게 만든다. 더구나 항아리 입구는 볏짚으로 치마를 만들어 입혀서 뚜껑을 열고 김치를 꺼낼 때에 흙이 들어가지 않도록 준비하는 것도 생활의 자그마한 지혜이다.

우리나라의 대표적인 발효 음식으로 꼽을 수 있는 김치는 여러 가지 재료가 한데 어우러진 것이며 또한 김치는 지방에 따라 맛에서도 차이가 난다. 북쪽 지방의 김치 맛은 비교적 싱거운 편이고 남쪽 지방에서는 짠맛이 더한다. 또한 한 지역에서도 덥고 서늘한 시기에 따라 간이 다르다. 봄과 가을 담는 김치보다 한여름에 담그는 김치가 다소 짭짤하다. 여름철에는 음식이 쉽게 변질되거나 부패할 수 있으므로 조금 짭짤하게 담가 보존 기간을 늘리는 생활의 지혜를 엿볼 수 있다. 이렇게 한 가지 음식의 맛도 기후와 지방에 따라 조금씩 차이가 있는 것은 그만큼 자연과 환경에 따라 먹는 것 하나라도 우리의 몸에 가장 알맞게 맞들어 낸 우리 음식 문화의 한 단면이라고 본다.

발효 식품은 어느 것이나 미생물들이 큰 영양분을 작은 물질로 분해시켜 놓은 것이므로 먹으면 소화가 잘 되고 흡수가 빠르다. 우유가 몸에 맞지 않는 사람이라도 알맞게 발효된 락토 우유를 마시면 소화에 어려움이 없으므로 노약자나 환자들에게도 잘 어울린다. 또한 우유를 발효시켜 만든 요구르트나 치즈도 소화가 잘 되는 것은 물론 영양분이 풍부하다. 어쨌거나 여러 가지 발효 식품이 건강에 좋다는 것은 영양분이 소화와 흡수가 쉬운 단계로까지 미리 분해되어 있기 때문이다.

오랫동안 우리의 생활과 함께해 온 김치는 유산균의 발효 과정을 이용한 대표적인 발효 식품이다. 최근에 김치가 발효하는 과정에서 생기는 유산균을 활용한 음료 제품이 개발되어 선보이고 있다. 잘 익은 김장 김치에서 분리한 유산균을 배양해 음료로 만든 것이다. 특히 '김치' 유산균은 스스로 보호막을 만들기 때문에 장까지 살아갈 확률이 높아 더욱 관심을 끌고 있다. 편의상 '김치 주스'라고 불리는 이 제품은 동치미의 맛과 비슷한 새콤달콤한 맛이 난다. 한동안 연탄 가스 중독자들이 응급 조치로 동치미 국물을 마셨던 일을 생각하면 한낱 민간 요법의 하나라고 가볍게 보아 넘길 수만도 없다. 이제 김치를 밥과 함께 먹는 단순한 밑반찬으로만 여길 것이 아니라 발효 미생물을 이용해 다른 형태의 제품으로 개발한다면 우리 생활을 개선할 수 있을 것이다. 이처럼 김치로부터 개발할 수 있는 음료는 또 한편으로 우리의 발효 음식이 나아갈 방향을 새롭게 보여 주고 있다.

김치 안에 들어 있는 유산균은 시원한 맛과 독특한 느낌을 주면서 스스로 비타민을 합성하는 등의 신비로운 변화를 일으킨다. 더욱 놀라운 김치의 과학성은 유산균과 김치 재료가 만나 암과 돌연변이를 억제하는 '생명 물질'을 만들어 낸다는 점이다. 우리가 매일 식탁에 올리는 김치에서 이러한 사실을 재발견하게 된 것은 불과 얼마 전의 일이다. 외국 음식이 몰려오고 맵고 짠 음식을 기피하는 사람들이 늘어 가면서 김치는 천덕꾸러기 신세가 되어 우리 식탁에서 점차 물러서고 있었다. 그러던 김치가 1988년 서울 올림픽을 계기로 김치의 우수성이 국제적으로 알려졌고, '우리 먹을거리를 되찾자.'라는 신토불이(身土不二) 운동에 힘입어 이제는 영양 만점의 건강 식품으로 다시 각광받고 있다.

오래전부터 우리 조상들은 미생물을 이용한 발효 식품을 만들어 영양을 보충하면서 건강한 생활을 즐겼다. 지금까지도 우리는 그러한 전통을 이어받아 매일매일 여러 종류의 발효 식품을 생활에 이용하고 있다. 이제까지 충분히 알려지지 않고 있는 우리 발효 식품의 우수성과 과학성을 밝혀내어 새로운 기술로 발전시키고, 더 나아가 새로운 제품을 만들어 건강한 생활을 즐기면서 뛰어난 문화 유산의 진가를 제대로 발전시키도록 힘써야 하겠다.

음식의 갈무리

　사람은 한시라도 숨을 쉬지 않고는 살 수 없듯이 먹고 마시지 않고 살아갈 수가 없다. 사람이 물을 마시지 않고 살 수 있는 기간을 일주일 정도로 잡고, 먹지 않고 버틸 수 있는 기간은 최대 한 달 정도로 잡는다. 이렇게 중요한 음식(飮食)은 그야말로 마시고(飮) 먹을(食) 수 있는 모든 재료를 뜻한다. 그래서 사람은 항상 먹을 것을 마련해야 하고, 먹을 것이 곁에 있어야 비로소 안심한다. "금강산도 식후경"이라는 말처럼 우선 먹을 것이 확보되어야 사람답게 살 수 있는 여유를 갖기 마련이다.
　수렵과 채집으로 먹을거리를 장만하던 사람들이 큰 짐승이라도 한 마리 잡으면 그날은 모두가 함께 포식할 수 있지만 먹을거리를 확보하지 못한 날에는 모두가 배고픔을 참으며 다음 사냥을 기다려야만 했다. 그러기에 사람들은 성공이 보장되지 않은 사냥보다도 얼마든지 노력하면 구할 수 있는 채집에 더 많이 의존해야만 했다. 그래도 사람들은 배불리 먹을 수 있다는 기대감과 동물성 음식의 맛을 잊지 못해 사냥을 포기할 수 없었다. 그러다 나중에는 들과 숲에서 사는 동물을 산 채로 잡아다

집 근처에서 기르는 사육법을 찾게 되었다. 이처럼 수렵과 채집에서 벗어나 농사와 사육으로 먹을거리를 확보하더라도 또 다른 종류의 고민거리가 남았다.

먹을거리가 먹고 남을 정도가 되면 사람들은 보관 방법을 찾으려 하기 마련이다. 음식 보존 방법은 시간이 지나고 경험이 쌓이면서 조금씩 발달했다. 잘 마른 상태를 그대로 유지하거나, 불에 굽거나, 그릇에 넣고 끓이거나, 햇볕에 말리거나, 소금에 절이거나, 연기에 그을리거나 또는 얼리는 등의 방법을 찾게 되었다. 목축민들은 지금도 겨울철 식량으로 고기를 소금에 절이거나 훈제로 만들어 저장한다. 옛날 사람들은 지역에 따라 동물 기름(獸脂)이나 물고기 기름(魚油)을 모아 두었다가 조미료로 이용하거나 연료로 사용하기도 했다. 지금까지도 이러한 보존 방법이 이용되고 있다.

수렵·채집 시대에 살던 사람들이 사냥해서 잡은 고기가 남거나 채취한 열매를 담아 두려면 그릇이 필요했다. 따라서 음식을 보관하기 위해 가장 먼저 토기(土器, 진흙으로 만들었기에 질그릇이라는 말이 더 어울린다.)를 구웠다. 점차 시간이 지나면서 빗살무늬 토기 시대에 민무늬 토기를 쓰는 사람들이 들어와 농사를 짓기 시작했다. 수렵과 채취로 간단한 그릇만을 만들어 쓰다가 농사지은 곡식을 재료로 여러 가지 음식을 조리해야 하므로 용도에 따라 여러 가지 그릇이 필요하게 되었다. 당시에 쓰던 토기의 흔적을 보더라도 음식을 간단히 구워 먹는 것은 물론이고 끓여 먹는 조리법이 나타났음을 알 수 있다. 고구려 고분 벽화에 나타난 것을 보더라도 당시에는 밥을 지을 때에 지금처럼 끓이지 않고 시루에 쪄 먹었다는 사실도 알 수 있다.

음식을 담아 상에 올려놓고 먹는 그릇을 식기(食器)라고 하는데, 넓은 의미로는 조리 기구와 저장 기구까지 포함시키기도 한다. 그릇은 무엇보다도 음식이 상하지 않아야 하고 가볍고 튼튼하여 다루기 쉬워야 하며 물이 새지 않고 열에도 잘 견딜 수 있어야 한다. 이러한 조건을 갖춘 그릇으로는 나무를 비롯해 토기, 청동기, 철기, 유리, 도자기, 옹기 등의 여러 가지가 있다. 생활이 발전하면서 사용한 그릇 종류도 다르므로, 그릇 종류만 눈여겨 살펴보더라도 시대적으로 발전한 문화의 흔적을 엿볼 수 있다.

오래전부터 사람들은 불을 사용할 수 있었기에 추위를 이겨 내는 것은 물론 음식을 조리하고 더 나아가 음식을 보관하는 그릇도 만들어 냈다. 진흙을 개어 간단한 그릇을 만들고 이를 다시 불에 구워 질그릇인 토기를 만들었고, 나중에는 이보다 더 튼튼한 도기(陶器)와 자기(瓷器)를 만들었다. 옹기나 도기는 높은 온도에서 흙을 구워 만든 그릇이므로 흙의 특성을 잘 간직하고 있다. 이들 그릇은 강한 열에서도 갈라져 터지거나 깨지지 않으므로 솥이나 냄비 대신에 불 위에 올려놓고 끓이는 데 쓰인다.

더군다나 질그릇이라고도 부르는 도기는 열을 잘 보존하므로 오래전부터 뜨거운 음식물을 담는 그릇으로 널리 이용했다. 지금도 설렁탕이나 해장국처럼 식으면 맛이 덜하고 기름이 엉기는 음식을 뚝배기 같은 도기에 담아먹는 까닭이 여기에 있다. 흙은 또한 습기를 조절하는 능력이 뛰어나므로 식품이나 곡물을 저장하는 창고는 반드시 흙을 이용했다. 이러한 것을 '토장(土藏)'이라고 하는데, 창고의 벽과 천장, 바닥을 모두 흙으로 만들어 저장물을 효과적으로 보존하고자 힘썼다.

흙을 구워 만든 질그릇이나 도자기 이외에도 금속으로 만든 그릇을 이용하기도 했다. 금속 그릇 가운데 은그릇(銀器)과 놋그릇(鍮器)은 여러 가지 독성에 민감하다. 따라서 임금님의 수랏상에는 은그릇이 많이 이용되었다. 만약 음식에 독극물이 들어 있기라도 한다면 은그릇의 색깔이 변하므로 금방 알 수 있기 때문이다. 가정집에서도 유기나 은수저를 이용하는 것도 이와 같은 이유에서다. 조선 시대에 부녀자나 사대부들이 많이 사용했던 은장도에 자그마한 은젓가락을 끼웠던 것도 모두가 독극물에 예민한 속성을 생활에 이용한 예이다.

모든 음식물은 제각기 조금씩 다른 특성을 지니고 있는데, 은그릇과 놋그릇은 음식에서 나쁜 성분을 흡수해서 맑고 깨끗한 성분만 사람에게 제공한다. 이를테면 은그릇과 놋그릇은 짠것을 싫어하므로 만약에 짠 음식을 담으면 그릇 색깔이 쉽게 변하거나 심하면 부식을 일으키기도 한다. 그러기에 발효 식품인 김치는 웬만해서는 놋그릇에 담지 않는다. 또한 놋그릇에 간장을 담는 것도 잘못된 사용법이며, 이와 마찬가지로 된장도 역시 놋그릇에 담지 않는 것이 옳다.

이렇게 놋그릇은 독성을 제거하는 좋은 성질이 있으므로 오랫동안 식기로 널리 이용했다. 우리 놋그릇은 일제 강점기에 집집마다 공출되어 전쟁 물자로 사용되는 등 시련도 겪었지만 근근이 살아남았다. 그러다가 한국 전쟁 이후에 나무 대신에 연탄을 가정의 연료로 사용하면서 연탄 가스에 변질되기 쉬운 놋쇠는 차츰 그 사용이 줄어들었고, 현재는 몇몇 지역에서만 주문을 받거나 특별한 용도로 생산하고 있는 형편이다. 특히 안성의 유기는 옛날부터 '안성맞춤'이라는 말이 나올 만큼 품질이 좋아 많은 사람들의 사랑을 받았다.

그릇에 음식 재료를 넣고 끓이는 방법은 대표적인 조리법이면서 동시에 음식을 갈무리하는 방법이기도 하다. 지금도 가정에서는 먹고 남은 국이나 찌개는 한 번 더 끓여 보관하는 방법을 쓰고 있다. 끓이는 것과 반대로 얼리는 방법은 오랫동안 음식을 보관하는 좋은 방법이었다. 신라에서는 505년(지증왕 6년)에 석빙고(石氷庫)를 설치해 겨울에 얼음을 보관했다가 여름에 나누어 주어 식품의 부패를 방지하고 시원한 음식을 즐길 수 있도록 했다. 이렇게 얼음을 이용한 저장법, 이른바 장빙 제도(藏氷制度)는 고려 시대와 조선 시대까지 이어져 내려왔다.

생활이 넉넉해진 요즈음에는 냉장고를 이용하지 않는 집이 없을 정도로 냉장고가 일반화되었다. 1960년대까지만 해도 냉장고는 부유한 집에서나 마련하는 값비싼 살림살이로 취급할 정도였다. 그래서 학생들의 가정 환경을 알아보는 가정 환경 조사표에는 텔레비전, 전축, 피아노, 자가용의 보유 여부를 묻는 조사 항목에 냉장고도 한 자리를 차지하고 있었다. 이처럼 냉장고의 존재는 상·중·하로 구분하는 살림살이의 지표로 이용될 때가 있었다. 오래전 서울에서 한강의 마포 나루에 배가 들어올 때에는 서해안의 물고기를 배에서 직접 사먹었다. 조기가 제철일 때에는 상자째로 사서 며칠이고 끼니마다 양껏 구워 먹고 또한 국도 끓여 먹었다. 그래도 조기가 남으면 소금을 뿌려 절였다가 말려서 두고두고 먹었다. 물론 이것은 냉장고가 없던 시절의 이야기이다. 당시에는 생선을 구했다가도 아끼 믹느라 며칠이 지나면 생선에 붙은 발광 세균들이 어두운 부엌에서 푸르스름하게 빛나기도 해 사람들이 이를 보고 '도깨비불'이라고 생각해 화들짝 놀라기도 했다. 요즈음에는 각 가정에서 냉장고는 물론이고 냉동고까지 이용해 음식을 상하지 않게 보관했다가 원할 때마다 필요한 만큼 꺼내 먹을 수 있다.

음식을 갈무리하는 방법으로 가장 손쉬운 방법 중의 하나가 물기를 없애고 바짝 말리는 것이다. 곡식과 열매를 비롯한 식물성 음식은 물론이고 고기와 생선까지 가능한 한 물기를 빼어 바짝 말리면 미생물이 증식할 수 없기 때문에 효과적인 음식의 보존법이 된다. 밥을 푸고 난 솥바닥에 남은 누룽지는 물을 붓고 한 번 더 끓여 먹기도 하지만, 누룽지만 모아 말려 두었다가 나중에 군것질거리로 먹기도 한다. 이때 누룽지는 바짝 말려 두어야 오래도록 보존할 수 있다.

그릇에 밥을 담아 두면 오래 가지 못하고 쉽게 상하기 마련인데, 더운 여름날에는 미생물이 번식하기에 좋으므로 더욱 빨리 상한다. 그렇지만 대나무 소쿠리에 밥을 담아 두면 훨씬 더 오래 보존할 수 있다. 대나무 그릇은 바람이 잘 통하므로 그 안에 담아 둔 음식이 잘 건조되어 비교적 오랫동안 상하지 않게 보관할 수 있다. 쇠고기를 말린 육포는 물론이고 조기를 말린 굴비와 명태를 말린 북어 그리고 마른 오징어는 대표적인 말린 고기들이다. 건포도는 물론 곶감도 오래도록 보관하기 위해 나무 열매를 말린 것이다.

아무리 바짝 말린 음식이라고 하더라도 물기가 전혀 없는 것이 아니다. 대부분의 생물은 4분의 3 이상이 물로 구성되어 있으므로 물기를 완전히 제거한다는 것은 태우지 않고는 불가능하다. 잘못 씹으면 이가 부러질 정도로 잘 마른 오징어라 하더라도 전자레인지에 넣고 익히면 불에 구운 것처럼 뜨거워지면서 도르르 말린다. 전자레인지는 물 분자의 전자를 들뜬 상태로 만들어 나오는 열을 이용한 것이므로 마른 오징어가 익는 것도 그 안에 물기가 있기 때문이다. 실제로 바짝 마른 오징어에도 물기는 절반 정도나 남아 있다. 물론 그만큼의 물기에서는 미생물들이 증식하기 어려우므로 오징어가 상하지 않게 오래도록 보관할 수 있는 것이다.

사람들이 맛있는 음식을 찾는 것은 당연한 일이므로 여러 종류의 음식을 만들어 상하지 않도록 보관하면서 즐기도록 하는 것도 식품이 갖추어야 할 덕목의 하나이다. 그래서 사람들은 목적에 따라 여러 종류의 첨가물을 식품에 넣는다. 식품의 산화를 방지하려는 목적에서 항산화제를 넣어 주고, 미생물의 활동을 막기 위해서는 항균 방부제를 첨가하고, 금속의 영향을 억제시키는 목적으로 금속 제거제를 넣고, 식품의 맛을 더해 주고자 향미 증진제 등을 첨가하기도 한다. 이 외에도 식품을 연하게 하거나 딱딱하게 만들기 위해서는 연화제와 경화제 등을 넣어 준다. 이러한 물질들은 모두가 대표적인 식품 첨가물들이다.

항균 방부제는 식품을 상당히 오랜 기간 보관할 수 있도록 해 준다. 집안에서 만들어 먹는 음식과 달리 상품으로 판매하는 식품은 상당한 기간 저장과 유통 기간을 거쳐야 하므로 그동안 변질되지 않도록 적당한 방법으로 처리해야 한다. 항균 방부제로 이용되는 물질은 우선 사람이 먹더라도 해가 없어야 하고 다음으로 식품의 변질을 막을 수 있어야 한다. 그러기에 이러한 방부제를 사용하지 않으면 쉽게 세균에 의해 부패하거나 또는 세균성 식중독을 일으킬 수 있는 햄이나 소시지 등에 주로 첨가하며, 쌀처럼 소비가 많은 식품에는 사용하지 못하도록 막는다.

식품의 보존성을 높이기 위한 식품 보존 재료로 쓰이는 것으로는 부패 세균과 곰팡이 발육을 억제하는 방부제와 방미제가 있다. 어느 것이나 식품에 들어 있는 미생물의 증식을 억제시켜 보존 효과를 나타낸다. 그렇지만 미생물의 증식을 억제하는 것은 어느 정도 독성이 있으므로 이를 사용할 때에는 대상과 용량을 엄격히 지켜야 한다. 더구나 식품 보존 작용은 절대적인 것이 아니라 부패하기까지의 시간을 연장하는 것이므로 소비자들의 특별한 관심과 주의가 필요하다.

대표적인 항균 방부제 물질로는 비알코올성 음료, 과일 주스, 시럽, 마가린, 피클, 잼 젤리 등에 첨가하는 벤조산나트륨(sodium benzoate)이 있고, 식육 제품이나 어육연제품, 된장과 고추장 및 절임류 등에는 소르브산(sorbic acid) 종류가 많이 쓰이며, 빵, 초콜릿, 치즈 등에 넣는 프로피온산나트륨(sodium propionate)도 있다. 식품에 합성 보존제를 사용하는 경우에는 그 사실을 반드시 표시하도록 법으로 정하고 있다. 사람들이 먹는 음식에 들어가는 식품 첨가물은 어떠한 방법으로든지 항상 알고 먹도록 밝혀야 한다.

지방질이나 비타민 A, D 등이 포함된 음식의 산패를 방지하기 위해 사용하는 것이 식품 산화 방지제이며 줄여서 항산화제라고도 부른다. 항산화제 또한 미생물의 활동으로 일어나는 산화 부패 작용을 억제하는 기능을 가진다. 가장 널리 사용되는 항산화제로는 아스코르브산(ascorbic acid)과 부틸화히드록시아니솔(butylated hydroxyanisole, BHA)과 부틸화히드록시톨루엔(butylated hydroxytoluene, BHT)을 꼽을 수 있다. 항산화제가 지방의 산화를 방지하는 과정은 간단히 설명하자면, 항산화제에 들어 있는 수산기(-OH)의 수소 원자를 화학적 활성이 큰 물질에 건네주어 지방과 산소 사이의 반응을 막아 버리는 것이다. 항산화제를 사용하지 않으면 지방은 산화되어 휘발성인 알데히드나 케톤 그리고 산의 복합 혼합물을 만들어 이상한 냄새나 맛을 낸다. 물론 이러한 물질의 화학적인 변화는 결과적으로 음식이 부패되는 과정이다.

　우리는 오래전부터 여러 가지 방법을 이용해 음식이나 음식의 재료를 상하지 않게 갈무리 해 두었다가 필요할 때마다 꺼내 조리하거나 음식을 먹을 수 있도록 했다. 옛날에는 겨울에만 먹을 수 있었던 얼음도 지금은 얼마든지 여름에도 먹을 수 있고, 또한 여름에만 먹을 수 있던 음식을 요즈음에는 한겨울에도 먹을 수 있게 되어 그야말로 먹을거리만큼은 계절에 구애받지 않고 사는 삶이 되었다. 계절을 뛰어넘는 생활이 좋은 점도 있지만, 제철을 잊어버린 생활이 몸에 좋지 않다고 해서 자연으로 돌아가 순리에 따라 생활하려는 사람들도 많이 나타나고 있다.

　계절을 건너뛴 음식을 먹을 수 있도록 하는 방법은 과학과 기술의 발전에 힘입은 바 크다. 그러나 생활에서 자주 쓰이는 작은 기술도 얼마든지 찾아볼 수 있다. 그 대표적인 예가 짚으로 만든 보온 밥통이다. 요즈음에는 전기를 이용한 보온 밥통에 밥을 보관하면 하루나 이틀 정도는 따뜻하게 보관할 수 있다. 그런데 예전에는 따뜻한 아랫목 이불 속에 밥그릇을 보관하더라도 한나절이나 하룻밤을 따뜻하게 유지하기 어려웠다. 그래서 단열재 역할을 하는 짚을 단단히 엮어 그릇 틀을 만들고 겉을 한지로 매끈하게 발라 보온 밥통으로 이용했다. 이 보온 밥통에 밥그릇을 넣고 이불을 씌워 뜨끈한 아랫목에 보관했다가 밤늦게 돌아온 바깥주인에게 전하는 안주인의 정성이 눈에 보이는 듯하다. 추운 겨울에는 밥을 보관하는 게 중요하지만, 더운 여름에는 이와 반대로 밥이 상하지 않게 보관하는 것이 더 중요하다. 그러기에 여름철에는 주로 대나무 소쿠리에 밥을 담아 쉬지 않도록 보관했다. 지금은 거의 사용하지 않고 있지만, 대나무 소쿠리에 음식을 담아 보관하거나 잘 쉬지 않는 성질을 가진 옻칠 그릇에 마른 음식을 넣어 두고 먹는 것도 옛날 생활이라고 그저 버릴 것만도 아니다. 하찮아 보이는 자그마한 기술이지만, 무시하지 않고 필요한 것은 오늘에 되살리는 것도 삶의 지혜를 더하는 것이고 또한 자연과 가까이하는 생활이리라.

따뜻한 아랫목 이불 속에 밥그릇을 보관하기 위해 짚으로 만든 전통 보온 밥통이다. 겉에는 한지를 여러 겹 발라 매끈하게 다듬었다.

3부
우리를 감싸안는 옷

천연 염색은 여러 번 손을 거치므로 번거로워 보이지만, 마음에 들 때까지 반복할 수 있고 자연스런 색깔을 찾을 수 있으므로 사람들이 좋아한다.

빨래에 대한 짧은 고찰

맑은 날이면, 집집마다 햇볕이 잘 드는 안마당이나 또는 뒷마당에 깨끗이 빤 빨래가 빨랫줄에 걸려 있는 모습을 볼 수 있다. 살림 솜씨가 야무진 안주인은 언제나 맑은 날씨를 놓치지 않으려고 신경을 썼다. 날씨를 짐작하고 미리 마음으로 준비해 두었다가 아침나절부터 옷을 깨끗이 빨아 빨랫줄에 널어 말렸다. 어디 그뿐인가? 햇빛이 잘 드는 날이면 빨래만 하는 것이 아니라 삿 남가 놓은 간장과 된장의 장독 뚜껑을 열어 햇볕을 쪼이는 데에도 신경을 써야 했다.

요즈음에는 날씨가 하도 변덕스러워 종잡을 수가 없지만, 예전에도 여름철에는 가끔씩 날씨가 갑자기 변하기도 했다. 해가 쨍쨍 내리쬐다가도 어느 틈에 시커먼 소나기구름이 몰려와 후드득 굵은 빗방울이 떨어지면 방안이나 대청마루에서 일을 하다가도 그냥 뛰어나가 얼른 장독 뚜껑을 덮고 마른 빨래를 걷어내는 등 부산을 떨어야 했다. 집안 살림이란 이처럼 때와 장소를 가리지 않고 돌발적으로 대처해야 하는 상황도 있고, 시간을 두고 천천히 계획을 세워 미루지 않고 해야 할 일들이 있다. 살림을 맡고 있는 안주인은 어느 것 하나라도 게을리 해서는 안 되는 것들이다. 바깥으로 출입하는 바깥양반의 옷매무새를 단정하게 하는 것은 물론이고 개구쟁이 아이들이 입는 옷까지도 더러운 옷보다도 깨끗한 옷을 입을 수 있도록 준비하는 일은 안주인의 몫이자 또한 갖추어야 할 덕목이라고 여겨 철저히 지키고자 노력했다.

항상 주위를 깨끗이 하고자 노력하는 우리는 옷이 더러워진 모습을 보고는 "옷에 때가 묻었다."고 하거나 "옷이 때가 탔다."고 말한다. 이와 같이 더러움의 대명사로 여기는 때는 도대체 무엇인가? 좀 더 과학적으로 살펴보자면, 사람들의 피부로부터 떨어져 나온 각질층에 땀과 피부의 지방 성분, 여기에 먼지 그리고 경우에 따라서는 곰팡이의 포자를 비롯한 미생물들까지 뒤섞인 것을 우리는 때라고 말한다. 때가 거무스레하게 보이는 것은 각질층과 먼지 때문에 그만큼 더러워진 때문이다.

그렇다면 이제 몸을 감싸고 있는 피부를 살펴보자. 표피 안쪽의 수소 이온 농도(pH)는 7.0 정도인데 겉 부분은 때가 있어서 pH가 4.0 정도나 된다. 이처럼 높은 산성 환경은 세균이 자라기에는 부적당한 환경이다. 그래서 얼른 생각하기에는 우리 몸을 세균으로부터 방어하자면 몸에 때가 있는 것이 오히려 더 나을 것이라고 생각하기 쉽다. 그렇지만 피부에 때가 쌓이면 땀이나 피지 분비가 나빠지고 체온 조절과 신진대사 기능이 떨어지므로 오히려 해가 된다.

한편 의복이나 천에 묻은 때를 세제와 기계적인 힘을 가해 물리·화학적인 방법으로 제거하는 것을 세탁(washing) 또는 빨래라고 한다. 세탁 또는 빨래는 더러워진 세탁물을 빠는 것은 물론이고 경우에 따라서는 삶거나 건조시키고 다림질하며 드라이클리닝(dry cleaning)하는 것까지 포함하기도 한다. 어쨌거나 때를 제거해 옷의 아름다움과 위생 상태를 회복시키는 세탁은 섬유의 피로를 풀어 주어 내구성을 높이는 효과도 갖는다.

빨래의 역사는 유구하다. 기원전 1900년경에 그려진 벽화에서 강가에서 빨래하는 모습을 확인할 수 있을 정도이니 말이다. 인류가 옷을 입기 시작하면서 빨래의 역사가 시작되었을 것이다. 우리나라에서도 오래전부터 냇가나 강가 또는 호숫가나 우물가에서 때묻은 옷가지를 손으로 흔들거나 주물러 빨았고 나중에는 나무로 만든 방망이로 두들겨 빨았으며, 가로로 골이 지게 파낸 나무 빨래판을 이용해 비벼 빨기도 했다. 옛날에는 아낙네들이 냇가나 우물가에 둘러앉아 정겹게 이야기하면서 빨래를 했다. 그래서 우물가나 냇가는 동네의 좋고 나쁜 모든 소식들이 입에서 입으로 전해지는 소식과 소문의 진원지이기도 했다. 물론 요새는 거의 볼 수 없는 모습이다. 한편 냇가에서는 무명옷이나 무명천을 빤 다음에 짜지 않고 바위나 모래밭에 널어 말리면서 하얗게 표백시켰는데 이것을 특별히 마전(사전에서는 "생피륙을 삶거나 빨아 볕에 바래는 일"이라고 설명한다.)이라고도 했다.

빨래할 때에는 세제를 이용하는데 옛날에는 흔히 잿물을 만들어 썼다. 잿물은 뽕나무, 콩깍지, 짚 따위를 태우고 난 재를 시루에 안치고 물을 부어서 우려낸 물이다. 잿물은 빨래에 쓰려고 만드는 것이 대부분이지만, 도자기의 몸에 덧씌우려고 만든 유약도 잿물이라고 부른다. 일반적으로 식물로부터 얻은 재는 염기성이므로 잿물도 약한 염기성을 나타낸다. 염기성 용액이 때를 제거하는 것을 돕는다는 것은 과학적으로 설명할 수 있다. 우리 조상들은 잿물이 산성인지 염기성인지 알지 못했지만, 경험적으로 잿물이 빨래에 좋다는 것을 알고 잿물을 만들어 이용했던 것이다. 시골에서 초가지붕에서 떨어지는 낙숫물을 받아두었다가 빨래할 때에 이용했던 것이나, 국수를 삶고 난 물이나 쌀뜨물을 모았다가 설거지에 이용한 것도 모두가 잿물을 이용한 것과 같은 효과를 이용한 것이었다. 근래에는 양잿물, 즉 수산화나트륨을 이용하기도 한다. 특별히 빨래할 때 쓰는 양잿물을 잿물이라고 줄여 부르기도 한다.

자연 상태에서 일어나는 여러 가지 일들을 이치적으로 따져볼 때는 물리·화학적인 작용뿐만 아니라 생물학적인 작용에서 그 원인을 찾는 경우가 많다. 세탁 과정을 살펴볼 때에도 이와 같이 물리·화학적인 작용은 물론 기계적인 작용이 포함되어 있다. 빨래하는 과정에서 드러나는 팽윤, 현탁(suspension), 용해 등의 과정은 물리·화학적인 작용이며, 세탁물을 흔들 때에 받는 힘인 영동(泳動)과 비빌 때에 받는 힘인 접동(摺動) 그리고 방망이질을 할 때에 받는 힘인 압착(壓搾)은 기계적인 작용이다.

세탁물에 세제액이 닿으면 세제액의 표면장력이 낮으므로 먼저 천이 젖고 부풀어오르면서 때와 접착력이 느슨해진다. 이와 함께 세탁물에 붙어 있는 때는 세제에 의해 곧바로 부풀리거나 경우에 따라서는 쪼개지기도 한다. 이때 세제에 들어 있는 염기성 성분은 이 작용들을 한층 촉진시킨다. 세제액은 물보다도 더 쉽게 파고들 수 있으므로 섬유와 섬유 사이는 물론이고 섬유와 때 심지어는 때 사이로도 먼저 끼어든다. 곧이어 천이 부풀어오르면서 섬유로부터 떨어져 나간 때의 표면에 세제가 결합하면서 막을 만든다.

이제까지 '천 + 때'이던 상태가 세제의 작용으로 균형이 흐트러지면서 '때 + 세제' 그리고 '천 + 세제'의 상태로 바뀌어 때가 천으로부터 떨어져 나간다. 이렇게 천에서 떨어져 나간 때는 현탁 상태로 물속에 떠 있을 수 있다. 한편 염기성 세제는 때를 잘 녹이므로 이때에는 용해 작용이 커진다. 한편 화학적인 세탁 작용은 온도가 높을 때에 활발하므로 찬물보다도 더운물로 세탁하는 것이 효과적인 이유가 여기에 있다. 예로부터 흰색 옷을 즐겨 입는 우리나라 사람들은 옷감이 상하지 않는 범위 안에서 깨끗이 빨래하기 위해서 옷을 삶아 빨았다. 갓난아이의 옷이나 속옷 그리고 행주 등은 살균하기 위해서도 삶아 빠는 경우가 많았다.

화학 작용으로 대부분의 때가 천에서 떨어지기 쉬운 상태로 바뀐 것에서 완전한 세탁 과정을 마무리하기 위해서는 기계적인 방법이 동원되어야 한다. 가정용 세탁기는 영동과 접동 작용이 중심을 이루지만, 전문 업체에서 사용하는 세탁 기계는 접동과 압착 작용이 중심을 이룬다고 할 수 있다.

일반적으로 면직물은 잿물과 함께 빨거나 삶아 빨았는데, 마직물은 삶지 않고 여러 번 잿물에 헹구어 빨거나 쌀뜨물에 며칠 동안 담가두었다가 두들겨 빨았다. 명주처럼 소중한 옷감을 빨 때에는 특별히 콩이나 팥 또는 녹두를 갈아 함께 비벼 빨았는데 이것을 비루(飛陋)라고 했다. 예전에 단옷날에 여인들이 창포나 녹두가루로 머리를 감았던 것도 비누를 이용한 것처럼 깨끗이 감을 수 있었기 때문이었다. 이와 같이 더러움을 날려 보낸다는 뜻이 들어 있는 비루라는 말로부터 오늘날 우리가 사용하는 '비누'라는 말이 유래되었다고 한다.

비누는 좁은 뜻으로 볼 때에 세척용으로 사용하는 고급 지방산의 수용성 알칼리 금속염을 말한다. 비누에 들어 있는 지방산의 종류는 카프로산(caproic acid)에서부터 베헨산(behenic acid)에 이르기까지 여러 종류가 있으며, 알칼리로는 일반적으로 나트륨과 칼륨 등이 일반적이지만 암모니아나 에탄올아민(ethanolamine), 구아니딘(guanidine) 등의 유기 염기도 쓰인다. 비누에 들어 있는 알칼리 금속염이나 유기 염기만 물에 녹으므로 세척용으로 쓸 수 있다.

빨래할 때에 잿물을 사용했다는 기록은 이미 『구약 성서』에도 나와 있다. 짚이나 콩깍지 등을 태우고 남는 것이 재인데, 이것은 수용성인 탄산칼슘이나 탄산나트륨이 주성분이다. 재를 물에 우려낸 것을 잿물이라 하는데, 잿물은 염기성이다. 아마도 비누에 대한 맨 처음 설명은 1세기경에 폴리니우스(Plininius)가 쓴 『박물지』로 볼 수 있다. 『박물지』에는 "비누는 갈리아 사람들이 짐승의 굳기름과 재로 만들었다."라고 기록되었으나, 이것은 비누화가 잘 안 되므로 빨래에는 부적당해 아마도 머릿기름 정도로 쓰였을 것이라 생각된다. 한편 다른 설명으로는 "고대 로마 인이 사포(Sapo) 언덕에 올라 양을 태워 제사를 드린 다음에 타고남은 재를 물통에 담갔다가 빨래하면서 때가 잘 빠지는 것을 보고 기름재를 사포라고 불렀고, 이 말이 오늘날의 비누(soap)로 변했다."라고 한다. 또한 2세기경에 의사인 갈레노스(Galenos)가 쓴 「간이약제론(簡易藥劑論)」에는 비누가 세척용으로 쓰였다고 적고 있다. 그러나 비누의 사용은 오랫동안 일반화되지 않았고, 8세기가 되고 나서야 지중해 연안과 스페인에서 비누의 제조가 활발해졌다. 프랑스 남부의 마르세이유는 12세기 이후 비누를 제조했고, 16세기 초에 이르러 양질의 비누 생산으로 널리 오늘날에도 미르셀 비누라는 이름으로 그 명성을 유지하고 있다.

오늘날 우리가 집에서 사용하는 현대적 비누는 1789년에 니콜라

르블랑(Nicolas Leblanc)이 소금에서 탄산나트륨(소다)을 제조해 내는 방법을 개발하고 1813~1823년에 미셸 셰브루(Michel E. Chevreul)가 유지의 화학적 조성을 밝혀내고 나서야 가능하게 되었다. 이들의 연구 덕분에 올리브유만이 아니라 야자유 또는 쇠기름 등의 여러 동식물 기름을 비누의 원료로 이용할 수 있게 되었다. 그 후로 글리세린과 유지 경화법(油脂硬化法)을 이용하면서 기계를 이용한 공업적인 생산이 가능하게 되었다.

    비누는 간단히 말해서 '원료인 유지를 나트륨이나 칼륨과 같은 알칼리 물질과 반응시켜 생긴 지방산'이다. 또는 유지를 수산화 알칼리(가성 알칼리)로 가수 분해하여 글리세롤과 긴 사슬의 카르복시산염의 혼합물을 만드는데 긴 사슬인 카르복시산염이 바로 비누이다. 나트륨염이 주성분인 알칼리 비누를 수산화 비누 또는 경성 비누라 하고, 칼륨염은 칼륨 비누 또는 연성 비누라고도 한다. 일반적으로 비누라 부르는 것은 알칼리 비누를 뜻한다. 비누는 수분의 함량과 습도 및 온도에 따라 습기를 빨아들이기도 하고 마르기도 한다. 대체로 저급 지방산이나 불포화 지방산을 원료로 만든 비누 또는 칼륨염이 중심인 비누는 습기를 흡수하기 쉽다.

    비누화(saponification) 반응은 에스테르화 반응의 역반응으로서 전에는 유지나 밀랍으로부터 비누를 만들어 내는 반응을 말했으나, 요즈음에는 에스테르(RCOOR′)가 가수 분해를 일으켜 카르복실산(RCOOH)과 알코올(R′OH)을 만드는 반응을 말한다.

$$RCOOR' + H_2O \rightarrow RCOOH + R'OH$$

비누화를 촉진시키기 위해 산이나 알칼리를 첨가하는데, 알칼리를 첨가하는 것이 효과적이다. 이때 생성물인 카르복시산은 알칼리염으로 얻으며, 수산화나트륨이나 수산화칼륨을 사용한다. 산을 첨가하는 경우는 유지로부터 글리세린을 얻을 때처럼 묽은 황산을 쓰는데, 유지와 산이 잘 혼합되지 않으므로 적당한 유화제(乳化劑)를 첨가해 준다.

비누 분자는 기름에 잘 섞이는 친유성(親油性 또는 소수성(疏水性))을 가진 탄화수소 부분과, 물에 잘 녹는 친수성이 있는 카르복실기의 두 가지 부분으로 이루어진다. 비누가 물에 잘 풀리면 친수성 부분이 물 쪽으로 향하고, 소수성 부분은 공기를 향하고 배열해 물의 표면장력이 감소하면서 거품이 잘 일어난다. 비누 분자가 가수 분해되면 염기성이 되므로 옷감에 묻은 때가 기름방울로 떨어져 나온다. 기름방울은 비누 분자의 소수성 부분으로 둘러싸여 콜로이드 입자가 되면서 쉽게 옷에서 떨어져 나온다.

칼슘이나 마그네슘 이온이 녹아 있는 센물에서는 물에 잘 녹는 나트륨염이 물에 녹지 않는 고급 지방산의 칼슘염과 마그네슘염으로 바뀌면서 비누가 잘 풀리지 않고 세탁의 효과가 떨어진다. 또한 비누는 염기성이므로 알칼리에 약한 양모와 같은 섬유는 세탁하기가 곤란하다. 그래서 이러한 세탁 장애를 개량한 것이 중성 합성 세제인데, 이 세탁제는 수용액 속에서 중성을 만들므로 센물의 영향을 받지 않는 우수한 세제이나. 그렇지만 대부분의 합성 세제는 미생물에 분해되지 않아 거품이 둥둥 떠다니며 강물과 식수원을 오염시키며 문제를 일으킨다.

자연 상태에서 미생물은 곧은 사슬을 가진 유기물 분자를 잘 분해하지만, 가지 달린 유기물 분자는 분해시키기가 어렵다. 오래전부터 사용해 온 비누는 곧은 사슬로 되어 있기에 미생물들이 쉽게 분해했지만, 가지 달린 구조를 가진 합성 세제는 분해가 잘 안 되어 오염 물질로 인식되었다. 그래서 1960년대 중반부터 가지를 가진 합성 세제를 대신해 곧은 사슬로 된 세제를 만들었는데 이것이 바로 연성 세제이다. 이러한 연성 세제는 미생물들이 비교적 빠른 시간 동안에 분해할 수 있다.

비누는 옷에 묻은 때를 옷감에서 분리해 깨끗하게 세탁할 수 있게 해 준다. 세탁 작용 이외에도 비누는 미생물까지도 깨끗이 제거해 주는 살균 효과도 발휘한다. 실제로 다른 선진국에서는 살균 작용을 이용한 의약용 비누를 많이 사용하고 있다. 더구나 단순한 살균 작용만이 아니라 피부를 건강하게 가꾸는 미용 비누로서의 역할도 매우 크다.

색깔 있는 옷

옛날부터 사람들은 옷을 지어 입었고 그 옷에 염색을 했지만, 어떤 방법을 이용했는지 알아보기는 그리 쉽지 않다. 우리 민족을 흰옷을 즐겨 입은 '백의민족(白衣民族)'이라고 부른다. (『삼국지』「위지」「동이전」에 동이족이 백의를 입는다는 이야기에서 유래한 말일 것이다.) 그런데 우리 민족이 백의를 본격적으로 입기 시작한 것은 어쩌면 조선 시대에 이르러 나타난 현상인지도 모른다. 왜냐하면 흰옷을 만들려면 무명이 필요한데, 이 무명은 고려 말에 문익점이 목화씨를 들여와 재배하기 시작한 이후나 국내에서 본격적으로 생산되었기 때문이다. 그 이전에는 어떤 옷을 입었는지 확인하기가 쉽지 않지만, 아마도 많은 사람들이 식물성 재료인 삼베로 옷을 만들어 입었을 것이다. 그런데 이 삼베옷은 바람이 잘 통해 여름에는 시원할지 모르나 겨울옷으로는 적당하지 않으므로 겨울에는 동물성 재료인 가죽옷이나 털옷을 많이 입었을 것이라고 본다.

고구려 벽화 같은 옛 그림을 보면 우리 조상들도 색깔 있는 옷이나 무늬 있는 옷을 입었음을 확인할 수 있다. 그렇다면 당시 사람들도 옷에

색을 들이는 염색법도 알고 있었을 것이다. 염색(染色, dyeing)은 염료를 사용해 직물이나 실 등에 색소를 침투시키고 정착시키는 일을 말한다. 이집트 고분에서 발굴된 유물이나 그리스 또는 로마 시대의 문헌을 봐도 염색 기술은 아주 오래전에 개발되었고 상당한 수준에 이르렀음을 알 수 있다. 당시에 사용된 염료는 동물이나 식물에서 얻은 천연 염료였으며, 바다 조개에 얻는 티리안 퍼플(tyrian purple)이 대표적인 염료였다고 한다.

로마 시대 이후로 오랫동안 서양에서는 일반인의 염색 기술 사용을 금지해 염색 기술이 발전하기보다는 오히려 뒤떨어졌다. 13세기에 이르러 유대인들에게 전해오던 염색 기술이 이탈리아로 전해지면서 염색업자들의 길드(guild, 중세 시대 상공업자들이 만든 동업자 조합)가 결성되었고, 15세기에는 유럽에 이 기술이 보급되었다. 이때부터 천연 염료의 종류도 많아졌고 색깔의 농담(濃淡)도 자유롭게 조절할 수 있었다. 하지만 천연 염료의 종류는 한정되기 마련이므로 염료와 섬유와의 결합을 촉진해 발색을 높이는 매염제(섬유에 색소가 직접 물들지 못하는 물감을 고착시키는 물질)의 이용으로 눈을 돌리게 되었다.

삼과 무명을 잘 염색하려면 먼저 표백을 해야 하는데, 17세기에 이르도록 그 방법은 '잿물에 담그기'와 '햇빛에 바래기'를 되풀이하면서 젖산과 비누로 처리하는 것이었다. 이 방법은 몇 달 동안이나 계속해야 하므로 시간과 노력이 많이 들었다. 산업 혁명으로 직물의 생산이 많아지면서 화학적인 표백 방법을 개발해 시간을 줄여야만 했다. 우유 대신에 묽은 황산을 이용해 시간을 단축했고, 염소의 표백 작용을 이용한 표백분의 이용은 표백 과정을 크게 단축시켰다. 이와 함께 천연 염료에

무기물을 작용시켜 염료를 다양화하려는 시도가 되풀이되었다. 그러다가 유기 화학의 발전에 힘입어 드디어 19세기 중반에는 아닐린(aniline)을 시작으로 인공 염료가 개발되었으며, 뒤이어 19세기 후반에 이르러 디아조(diazo) 화합물의 구조가 밝혀지면서 더욱 많은 염료의 합성이 이루어지기 시작했다.

섬유를 염색하려면 정련과 표백으로 섬유를 깨끗이 해야 한다. 정련은 말 그대로 비누나 합성 세제, 수산화나트륨, 탄산나트륨 등으로 가열해 섬유에 붙은 불순물을 떼어내거나 전분질의 풀은 효소를 이용해 제거하는 것이다. 그런 다음에 표백분이나 아염소산나트륨(sodium chlorite), 과산화수소 등의 묽은 용액으로 섬유를 표백한다. 요즘에는 형광 표백제를 사용해 완전하게 표백하기도 한다. 뒤이은 염색 과정은 침염(浸染)과 날염(捺染)으로 크게 구분한다. 침염은 염색액에 섬유를 담가 전체를 같은 색깔로 염색하는 데 좋다. 날염은 염료를 녹인 다음에 기구를 이용해 차례차례 색깔과 무늬를 내는 것이다. 염색이 끝나면 마무리를 잘해 색상을 좋게 하고 튼튼하게 만드는 작업이 필요하다. 비누액으로 가열해 표면에 붙은 염료를 씻어내고, 섬유 속에서 염료를 굳혀 빛깔을 잘 내고, 날염에서는 증기 처리로 발색을 높이기도 한다. 경우에 따라서는 화학 물질을 처리하여 색을 확실히 붙이기도 한다. 이러한 여러 가지 공정을 후처리 가공이라고 부른다.

염료는 섬유 표면만이 아니라 내부까지 들어가 섬유 분자와 염료 분자가 서로 가까이 섞이는 것이 염색이다. 이러한 상태를 만들어 주는 방법이 염색 기술이다. 염료도 수용성이 있고 불용성이 있으며, 색소 이온도 음이온과 양이온의 차이가 있으므로 염색 과정에서는 복잡한 물리·화학적인 작용이 뒤따르기 마련이다. 양모는 단백질 섬유이므로 염기성이 강해 산성 염료를 이용하도록 한다. 식물성 섬유는 대부분 중성에 가까우므로 수소 이온 농도의 문제는 없으나 셀룰로오스에는 많은 수산기(-OH)가 있어서 이것이 염료 분자와 수소결합을 이룬다. 따라서 그 결합이 강하지 못한 약점이 있다. 그러기에 전통 염색에서 조개 껍데기 가루를 매염제로 이용하는 방법을 채택한 이유가 바로 여기에 있는 것이 아니겠는가. 합성 섬유는 대부분이 소수성이므로 물의 침투가 어려워 물에 잘 녹지 않는 염료를 물 속에 분산시키고 열을 가하면 염료 분자가 섬유 속으로 녹아 들어가 염색이 잘 되도록 한다. 이렇게 섬유와 염료의 특성을 이해해 염색의 효율을 높이는 방법을 생각해 주어야 한다.

우리나라에서는 오래전부터 주로 천연 염료를 이용했는데, 기록에 따르면 백제와 신라는 일본에 염료를 전해 주었다고 한다. 지금까지 전하는 염료의 유물이 거의 없는 것이 대단히 아쉽지만, 고구려 고분 벽화의 염료를 분석한 연구에 따르면 식물성과 광물성 염료를 사용했다고 한다. 식물성 염료의 경우 노란색은 치자, 붉은색은 홍화(이꽃), 초록색은 땡감, 검정색은 그을음에서 뽑아냈다. 문헌과 기록으로 볼 때 이런 식물성 염료 기술이 삼국 시대와 고려 시대에 이미 상당한 수준으로 발달했었다는 사실을 짐작할 수 있다.

우리 조상들이 일하던 모습을 생각하면 머리에 상투를 틀고 등거리와 잠방이를 입고 짚신을 신은 농부의 모습이 떠오른다. 등거리는 깃과 섶, 동정이 없고 고름 대신 끈이나 단추를 앞에 달아 입었던 상의이며, 잠방이(잠뱅이는 사투리이다.)는 길이가 정강이까지 오는 통이 좁은 바지를 말한다. 가난했던 농부들에게는 특별히 일할 때에 입는 일옷(노동복)이 따로 있는 것이 아니라 일옷이 바로 평상복이기도 했다. 제주도의 농부와 어부들이 일옷으로 입었던 갈옷도 사실은 오래전부터 제주도 사람들이 입었던 일옷이자 평상복이다.

갈옷은 요즘 사람들에게 조금은 생소하게 느껴지는 옷이지만, 제주도를 중심으로 오래전부터 입어 온 전통적인 일옷이라 할 수 있다. 갈옷은 무엇보다도 '감물'을 이용한 독특한 천의 염색법이 특징이다. 아직 다 익지 않아 먹기에는 떫은 풋감, 이른바 땡감을 절구에 넣고 찧어 즙을 짜서 무명에 물들인 천으로 만든 것이 갈옷이다. 천의 색깔은 지역에 따라 조금씩 다르긴 하지만 대부분 황토빛을 띤 갈색 계통으로 변한다.

갈옷은 다른 지역보다 기온이 높은 제주도에서 일하는 농부와 어부들의 일옷으로 사용되기에 안성맞춤이었다. 제주도 감은 다른 지역보다 타닌 성분이 많이 들어 있어 염색이 더 잘 되는 편이다. 원래 감은 민간에서 약용으로 쓰였던 먹을거리이며, 홍시는 숙취를 다스리는 데 좋고 감잎은 고혈압에 좋다고 한다. 또 감나무는 고급 가구재와 화살촉 재료로 사용되기도 했다. 감나무는 감나뭇과의 낙엽성 교목으로 우리나라를 비롯해 중국과 일본 등지의 아열대 지역에서 잘 자라고, 우리나라에서는 기후가 따뜻한 북위 38도 이남 지역에서 자란다.

갈옷의 색깔이 지역마다 다른 것은 염색 방법이 달라서가 아니라 지역 환경에 맞추어 일일이 손으로 염색했기 때문이다. "감물을 늘이려면 열흘 밤낮으로 햇빛과 달빛, 이슬, 바람에 쏘이면서 땡감 즙에 천을 적셨다 말렸다 하기를 되풀이해야 한다." 만약에 "무명 몇 필을 어느 농도의 타닌 성분을 포함한 땡감 몇 그램을 물 얼마에 풀었다가, 몇 도에서 얼마 동안 담갔다가 꺼내어, 어느 정도의 햇볕이 드는 양지에서 몇 도를 유지하면서 몇 시간 동안 말리는 염색 방법을 몇 번 반복한다."라는 등의 정해진 염색 방법에 따라 염색한다면 어느 정도 일정한 색깔을 가진 갈색의 무명을 얻을 수 있을 것이다.

그렇지만 우리 선조들이 지금까지 해 온 갈옷의 염색법은 일정한 규격에 구애받지 않은 채 자연 환경에 맞추어 알맞은 색깔이 나타날 때까지 염색한 자연 염색법을 선호했다. 그뿐만 아니라 우리가 매일매일 먹는 간장과 된장도 일정한 규격을 정하지 않고 자연적인 방법에 따라 만들었기에 지금까지도 집집마다 장맛이 다른 것도 같은 이유에서다. 항상 같은 색깔의 갈옷 재료를 얻을 수 있다면 매우 편리한 것처럼 생각될지 모르지만, 조금씩 다른 색깔의 차이에서 비롯되는 다양한 아름다움이 소량 다품종을 찾는 현대 감각에 더욱 어울리는 모습이라고 생각할 수도 있다.

염색은 보통 무명천을 사용하는데 감물을 들이면 땡감 즙의 타닌 성분이 작용해 염색한 후에는 천이 염색하기 전보다 10배쯤 질겨진다. 그러기에 갈옷을 일옷으로 입은 이유도 여기에서 찾을 수 있다. 서양 옷 중에 이와 비슷한 것을 찾자면 청바지가 있을 것이다. 그러나 우리 조상들이 전통적으로 일옷으로 입었던 갈옷과 외국의 광부가 입던 청바지는 서로 다른 점이 많다. 최근에는 신축성이 좋은 스판 소재가 나왔다지만 청바지는 기본적으로 피부를 꽉 조이면서 무게도 다른 옷보다 무겁다. 더구나 비라도 맞으면 다른 천보다 몇 배나 무거워지므로 청바지는 때때로 입기에 고역인 옷으로 바뀐다. 청바지를 많이 입는 요즘 사람들이라면 아마도 누구나 여름날 땀이 나거나 비를 맞았을 때에 무겁게 느껴지고 겨울에 바람이 불면 차가워지는 것을 경험을 했을 것이다. 두

껴운 무명천을 인디고(indigo) 계통의 인디고 파랑(indigo blue)이라는 천연 물감으로 염색한 천으로 만든 바지가 우리가 즐겨 입는 청바지이다. 청색 염색은 쪽물을 들이는 것처럼 처음에는 식물성 염료를 뽑아 사용했으나 이제는 화학적으로 합성한 염료를 이용한다. 맨 처음 청바지는 아메리카 원산의 풀에서 뽑아낸 쪽빛 물감으로 물들였다. 이렇게 풀물을 들인 옷은 모기를 쫓는 효과가 있어 처음에는 야외에서 일하는 노동자들이 즐겨 입었다. 이후에 청바지는 해군 사병들이 즐겨 입었고, 1960년대 들어서 젊은이들에게 큰 인기 모으며 전 세계로 확산되었다. 지금은 작업복만이 아니라 평상복으로도 많은 사람들이 즐겨 입는 옷이 되었다.

이에 비해 갈옷은 비를 맞아도 젖지 않고 빗방울이 또르르 흘러 내려 옷이 몸에 감겨 붙지 않는다. 또한 통기성이 뛰어나 땀이 묻어도 땀내가 나지 않고, 감의 타닌 성분이 방부·방습·방온 효과를 내기 때문에 오래 두어도 벌레가 생기지 않으며, 여름에는 시원하고 겨울에는 따뜻하게 느껴지는 옷이다. 여기에 더해 때도 덜 탈 뿐만 아니라 먼지 따위가 잘 붙지 않아 일옷으로 아주 잘 맞는 옷이라 할 수 있다. 갈옷과 같이 천연 염색을 하는 경우에는 옅은 색의 물감에 되풀이 염색해 짙은 색을 낸다고 한다. 여러 번 손을 거치므로 번거로워 보이지만 마음에 들 때까지 반복할 수 있고 자연스러운 색깔을 찾아낼 수 있으므로 자연과 함께하는 고유한 염색 과정이라 할 수 있다.

집안 마당 한가운데에 쳐진 빨랫줄에 여러 종류의 옷이 널려 있다. 빨랫줄에 널린 옷가지를 보는 것만으로도 그 집의 살림 정도를 살펴볼 수 있다. 빨래한 옷을 보고 식구가 몇이나 되는지, 아이들이 많은지 적은지, 식구들이 어떤 옷을 입는지 금방 알 수 있기 때문이다. 여러 색깔로 염색한 옷은 종류도 하도 많아 쉽게 구별하기조차 어렵다. 더욱이 요즈음에는 어느 집이고 대부분의 겉옷을 집에서 빨아 처리하지 않고 세탁소에 맡겨 처리한다. 그래서인지 요즈음 집안의 빨랫줄에 널린 옷은 거의 대부분이 속옷뿐이다. 아마도 빨랫줄에 널린 옷을 보는 것보다는 세탁소를 얼마나 많이 이용하느냐를 보고 살림살이를 살펴보는 것이 더 빠른 세상이 되었다.

우리가 입는 옷이 바로 우리 옷인데도 특별히 한복이라고 한다. 요즈음에는 유행과 패션에 맞추어 개량했다고 개량한복이라 부르고, 생활 속에서 멋을 찾는다고 생활 한복이라고도 부른다.

속옷도 기능성이다

사람들이 입는 옷 가운데 겉옷은 그 종류가 다양하고 제각기 독특한 아름다움과 멋도 있다. 그러나 속옷(內衣, 內服)은 겉옷과 달리 무엇보다도 기능이 우선이다. 사람들이 입어서 몸을 움직이기에 불편하지 않아야 하는 것은 물론이고, 몸을 보호하면서 겉옷과 조화를 이루며 겉옷보다도 튀지 않아야 한다. 또한 추위로부터 몸을 따뜻하게 보호한다거나 땀을 흡수하거나 심지어는 더위를 느끼지 않게 하면서도 바람이 잘 통하도록 해 줘야 좋은 속옷으로 평가된다. 그 가운데에서 무엇보다 중요한 점은 피부와 접촉하기 마련인 속옷은 어떠한 경우에도 피부에 해를 끼치지 않아야 한다는 것이다.

속옷은 영어로 언더 웨어(under wear)라고 한다. 서양에서의 속옷은 겉옷 바로 아래 입는 옷을 말한다. 우리가 입고 있는 내복이나 속옷은 서양에는 없다고 보아도 거의 틀림이 없다. 그렇다면 서양 사람들은 어떤 식으로 옷을 입는 것일까? 예를 들자면 서양 사람들은 맨몸에 와이셔츠를 입고 그 위에 겉옷을 걸쳐 입는다. 외국 영화에서 가끔 남자들이 웃통을 내보이며 셔츠를 입는 장면을 볼 수 있다. 근육미를 자랑하는 장면이겠지만, 서양 사람들이 속옷을 잘 입지 않음을 보여 주는 장면이기도 하다. 이와 마찬가지로 서양 여성들도 우리나라 여성들이 즐겨 입는 얇은 면내의를 잘 입지 않는다. 그렇지만 최근에는 면내의의 장점을 이해하면서 많은 서양 사람들도 건강을 생각하여 많이 입고 있다.

무어라 해도 속옷은 피부와 맞닿는 옷이다. 내의를 입지 않는 서양 사람들은 러닝셔츠를 속옷 삼아 입는 우리보다도 와이셔츠를 더욱 자주 빨아 입어야 한다. 우리 몸의 피부는 호흡도 하고 땀도 흘리기 때문에 알맞은 때에 적절히 처리하지 않으면 위생상의 문제를 일으킬 수 있다. 피부에 습기가 항상 차 있어서 피부가 제대로 숨을 쉬지 못하면 피부병을 일으킬 수도 있다. 요즈음에는 남성용 팬티 안에 망으로 된 주머니를 단 '주머니 팬티'를 개발하여 습기가 차는 것을 예방하는 효과를 높인 제품도 나와 있다.

현대식 속옷이 거의 보급되지 않았던 시절에 먼 길을 떠나게 될 때에는 한지로 아랫도리를 싸서 습기 막았다. 한지는 발싸개로 쓰이기도 했는데 한지가 가진 질기고 부드러운 성질은 습기를 제거하고 무좀을 억제하는 등 몸과 발을 보호하는 기능을 가졌기 때문이다. 또한 여성들은 한지를 가지고 생리대를 만들기도 했다.

우리는 겨울에 내복을 입거나 잠잘 때에 잠옷 올 입기 때문에 두꺼운 솜이불을 자주 빨아 줄 필요가 없다. 몸에서 나오는 땀이나 먼지를 내복이 흡수해 주므로 내복만 빨아 갈아입으면 되기 때문이다. 피부와 직접 접촉하는 내의는 그만큼 몸에서 나오는 땀과 먼지는 물론이고 그 속에 섞여 있는 미생물들을 걸러내는 장치가 되는 셈이다.

미국의 가정용 세탁기 안에서 장내 세균이 검출되었다는 보고가 있다. 그것도 표백제가 들어간 세제를 사용하지 않은 가정의 절반이 넘는 60퍼센트의 세탁기에서 세균이 검출되었다고 한다. 이것은 인체의 배설물로부터 나온 장내 세균이 내복에서 걸러지지 않은 채 세탁물에 뒤섞이고 다시 세탁기에 남은 것으로 보인다.

옷감의 종류는 과학과 기술의 발전에 힘입어 빠른 속도로 변하고 있다. 양복감이나 양장감으로서의 옷감만 변하는 것이 아니다. 운동복의 변화는 조금만 생각해 보아도 그야말로 눈부시게 변화했다. 조선 말부터 일제 강점기를 거치면서 시작된 신교육 과정에서 체육복은 아무래도 생활복과 거의 차이가 나지 않았다. 가랑이 끝에 고무줄을 넣어 묶은 바지('몸빼'라고도 부른다.)와 짧은 저고리는 체육복으로서의 기능을 제대로 발휘하기 어려웠다. 광복을 맞이하면서 비로소 본격적인 학교 교육이 시작되었고, 그때부터 체육복으로 반바지와 내복 상의가 이용되었고 운동화가 나오기까지 검정 고무신이 체육화를 대신했다.

경제 개발이 시작되면서 체육복도 상당히 빠른 속도로 변하기 시작했다. 경공업 가운데 섬유 산업의 발달에 힘입어 면내의 상의가 러닝 셔츠(running shirts)라는 이름으로 체육복을 대신하게 되었으며 반바지는 체육복 이외의 생활복으로는 감히 생각조차 할 수 없었다. 겨울철의 운동복으로 새로운 합성 섬유로 만든 추리닝(training이라는 영어 단어에서 비롯되었다.)이라 부르는 운동복을 입기 시작했는데, 지금도 경우에 따라 생활복이나 작업복으로 이용하는 사람도 간간이 찾아볼 수 있다. 기술이 발전해 새로운 소재가 사용되고 있다. 여기에 색상과 디자인까지 한몫을 거들면서 운동복은 지금 다양하게 발전하고 있다. 올림픽 경기나 월

드컵 축구 경기에서 선수들이 입은 경기복을 시대별로 살펴보면 체육복의 발전 과정을 한눈에 알아볼 수 있으며, 초·중·고등학교 시절에 입던 운동복과 지금의 운동복을 비교해 보더라도 그 발전 과정을 쉽게 느낄 수 있다.

요즈음의 운동복에 쓰이는 소재 가운데 듀퐁(Du Pont) 사에서 만든 라이크라(Lycra)라는 소재는 수축과 신장 능력이 우수한 탄성 섬유이기 때문에 수영복이나 체조복을 비롯한 운동복으로 많이 이용되고 있다. 이것은 운동복뿐만 아니라 체형을 맵시 있게 가꾸어 주는 속옷의 재료로도 많이 이용하고 있다. 또한 운동복의 특수 소재로 고어텍스(Gore-tex)라는 천이 있다. W. L. 고어 사에서 개발한 이 소재는 몸에서 솟아나는 땀을 옷 바깥으로 배출하지만 빗방울을 그대로 흘러내리게 해 몸 안으로 들어오지 못하게 하는 기능을 가지므로 운동복의 소재로 각광받고 있다. 이 외에도 몸에 꽉 끼는 경기복은 싸이클 선수를 비롯해 에어로빅 선수나 체조 선수들이 많이 입는다. 이들 경기복의 소재는 신축성이 좋은 탄성 섬유인 스판덱스(spandex)로 만들었다. 몸에 꽉 끼므로 선수들에게 팽팽한 긴장감을 돋구어 주며 운동으로 굳어진 근육은 물론 비만으로 나타나는 똥배까지도 그대로 드러나게 한다.

요즈음에는 특별한 기능을 강화시킨 소재를 개발해 옷을 만들기도 한다. 예를 들면 항균성 물질을 섬유에 첨가하거나 또는 제품에 덧씌워 이용한다. 이러한 제품들은 해로운 병원균을 차단하는 효과가 있으므로 새로운 제품으로 많은 소비자들로부터 각광을 받고 있다. 그렇지만 모든 세균에 대해 살균 효과를 가진다는 것은 몸에 붙어 있는 무해한 세균까지도 죽게 하므로 제한적으로 사용해야 한다. 또한 대부분의 합성 섬유는 습기를 빨아들이는 능력이 다른 종류에 미치지 못하는 경우가 많다. 이러한 점을 개선해 땀을 잘 흡수하는 셔츠를 개발해 제품으로 만들고 있다. 우리나라 사람들이 옷을 입는 습관으로 본다면 면으로 만든 내복이나 속내의를 입는 경우가 많다. 면내의는 다른 어떤 것보다도 보온 효과는 물론이고 땀을 잘 흡수하므로 건강에도 도움이 된다.

요즈음 개발된 여러 종류의 건강 내복은 우선 보온 효과는 기본적이고 건강에 좋다는 성분을 첨가해 내복의 기능성을 높인 것들이다. 얼마 전까지 폴리에스테르 소재로 두껍게 만들었던 내복을 '1세대'라고 한다면, 직조 기술의 발전에 따라 얇으면서도 보온성을 높인 순면 내의를 '2세대'라 부를 수 있고, 요즈음 새롭게 만들어 낸 건강 내의는 '3세대'라고 할 수 있다. 건강 내복의 종류는 여러 가지가 있지만, 우선 청정 해안의 갯벌에서 채취한 흙이 원적외선을 방출해 세균을 감소시킬 수 있으므로 갯벌의 흙을 넣어 만든 내복이 있다. 또한 세라믹이 자외선을 차단해 피부 노화를 방지하고 신진 대사를 촉진하는 효과가 있으므로 원단 사이에 세라믹 원사를 넣어 만든 내복이 있다. 한편 게에서 추출한 키토산 성분을 첨가한 내복도 항균 효과를 나타낸다고 해 개발되었다. 삼림욕의 효과를 느낄 수 있도록 피톤치드(phytoncide) 성분을 작은 캡슐로 만들어 섬유와 섞어 만든 이른바 건강 섬유도 있다. 섬유가 마찰되거나 압력을 받아 캡슐이 터지면서 피톤치드가 증발해 삼림욕 효과가 나타나게 된다. 옷만이 아니라 베개나 이불에 넣으면 더욱 효과적이기도 하다. 또한 온도의 변화에 따라 색깔이 변하는 옷도 만들 수 있다. 작은 캡슐에 색소와 발색제를 넣어 주면 온도에 따라 결합과 분리가 반복되면서 옷의 색깔이 바뀐다. 예를 들자면 섭씨 27도 이상이면 녹색이고, 섭씨 18도 정도에서는 갈색이며 섭씨 10도 아래에서는 흰색으로 변하는 섬유를 만들 수 있다. 이러한 섬유는 군복 재료로 사용하면 아주 효과적이다. 이뿐만 아니라 일정한 기간이 지나면 몸 안에서 분해되고 흡수되는 실은 수술할 때에 봉합사로 사용된다. 상처가 아문 다음에 뽑아내야 하는 번거로움을 줄이고 몸 안쪽을 꿰매는 내부 수술용으로 적합하다. 이전에는 동물로부터 얻은 섬유 조직을 주로 이용했지만 상처가 아물기도 전에 흡수되어 어려움을 겪기도 했다.

요즈음 가장 널리 이용되는 합성 섬유는 폴리에스테르(polyester)로 전체 합성 섬유의 절반을 차지하고 있다. 합성 섬유 가운데 첨단 섬유라 불리는 것들이 있는데, 그 가운데 아라미드 섬유와 탄소 섬유가 있다. 열에 강해 불길에 닿아도 녹지 않고, 강철처럼 단단하며 가볍고 촉감이 부드러운 성질을 가진 것이 아라미드(aramid) 섬유이다. 이 섬유는 나일론의 2배, 강철의 5배 강도를 가지므로 케이블이나 타이어, 방탄 조끼 및 방화복 등의 재료로 쓰인다. 탄소 섬유는 탄소로만 된 아크릴 섬유를 이용해 만든 것이다. 이것은 탄성과 강도가 강철보다 좋으므로 테니스 라켓을 비롯해 골프채나 낚싯대 또는 비행기의 보강재로 쓰인다.

옷의 기능성은 무엇보다도 중요한 요소이다. 옷의 보온 효과를 높이기 위해 피부와 연결되는 부분을 되도록 줄이기 위해 겨울옷은 단추를 촘촘히 달아 옷을 만들었다. 겨울철에 병사들이 입을 내복에도 보온 효과를 높이도록 많은 단추를 달았다. 그렇지만 이렇게 많은 단추를 단 내복을 입은 병사들이 전투를 하다가 큰 낭패를 당한 경우가 있었다. 화장실에서 일을 보거나 잠을 자는 동안에 적군이 기습적으로 공격해 오면 적절히 대처할 수가 없었다. 내복에 달린 수많은 단추를 차례대로 잠글 만한 시간적인 여유가 없었기 때문이었다. 평상시라면 차근차근히 단추를 채울 수가 있었겠지만 급박한 상황에서는 많은 단추들이 거추장스러웠고 더구나 중간에 어느 하나 순서라도 틀리면 더욱 낭패일 수밖에 없었다. 이러한 단점을 개선하기 위해 지퍼를 개발했고, 요즈음에는 뗐다 붙였다 하기에 쉬운 찍찍이도 만들어 이용하고 있다. 찍찍이는 동물의 털에 잘 붙는 식물의 열매를 보고 본떠 만들었다고 한다.

    단추가 많은 내복만이 아니라 초기에 제작된 침낭 때문에도 많은 병사들이 전투에서 희생되기도 했다. 초기의 침낭은 밖에서만 열 수 있도록 되었기에 팔을 안에 모아 넣고 자면 위급한 상황에서 쉽게 열고 나가기 힘들었기 때문이었다. 요즈음의 침낭은 안이나 바깥에서도 쉽게 열고 닫을 수 있는 지퍼가 달려 있다. 이처럼 겨울옷을 비롯한 겨울철 생활용품에 보온성은 물론이고 편리한 기능을 높였다. 요즈음에도 모든 생활용품에 필수적인 기능은 물론이고 편리한 기능을 첨가시킬 뿐만 아니라 더욱 아름답고 세련된 디자인을 더한 제품을 개발하고 또한 발전시키고 있다.

    요즈음의 속옷은 그저 단순한 속옷 기능만 하는 것이 아니라 아주 다양한 기능을 첨가하여 새로운 형태의 제품으로 만들어 내고 있다. 이와 같은 특수한 기능은 옷에만 쓰이는 것이 아니라 여러 가지 생활 용품에도 필요한 대로 이용하고 있다. 이전의 겉옷과 속옷이라는 단순한 개념에서 벗어나 통합적이고도 특수한 기능을 살린 새로운 모양의 도구로까지 발전하고 있다. 옷이 날개라는 말로 아름다움을 표현한다면 이제는 과학의 원리를 찾아 개발한 미세한 찍찍이를 이용해 만든 옷을 입은 거미 인간(spider man)이 태어나는 날도 그리 머지않아 보인다.

자연으로부터 얻은 옷감

담장 너머로 펼쳐진 너른 들판에는 어떤 종류의 작물이 자라고 있는가? 사람들에게 일일이 물어보지 않더라도 모두가 들판에 자라는 식물이 무엇인지 잘 알고 있다. 사람들이 살아가는 데에 가장 중요한 것은 하루라도 거르지 않고 먹어야 하는 식량을 확보하는 일이다. 그래서 사람들은 누구에게라도 묻지 않더라도 당연히 들판에는 벼는 물론이고 보리와 조 그리고 콩과 팥 등의 잡곡을 심어 식량을 거두어들이기 위해 애쓴다는 사실을 알고 있다.

사람이 살아가는 데에 필요한 것은 꼭 식량만이 아니다. 물론 식량이 중요한 것은 사실이지만, 그 외에도 필요한 것은 사람들이 입고 살아야 하는 옷을 만들기 위한 재료를 확보해야 한다. 요즘과 달리 옛날 사람들은 어떤 옷을 입고 살았을까? 궁금한 생각이 떠나지를 않는다. 요즈음 텔레비전에서는 역사 드라마가 한창 유행이다. 역사 드라마를 제작하는 사람들에게 가장 어려운 일은 당시 사람들이 입었던 옷과 살았던 집 그리고 먹었던 음식에 관한 내용을 사실에 맞게 고증해 재현하는 일이다. 고조선 시대로부터 삼국 시대(삼국에 가야를 더해 사국 시대라고 부르자는 의견도 있다.)를 거쳐 고려 시대(발해와 더불어 남북국 시대라고도 한다.) 그리고 조선 시대에 이르기까지 각각의 시대에 맞는 생활상을 재현하는 일이 결코 쉽지가 않다. 시대를 거슬러 올라갈수록 남아 있는 자료가 부족해 정확한 생활 모습을 찾아내기가 그만큼 어렵기 때문이다.

알려진 기록에 따르면 선사시대부터 동물 가죽을 비롯하여 여러 종류의 식물성 섬유로 옷을 만들어 입었다고는 하지만, 당시의 옷감이 정확히 어떤 종류였는지 알려주는 기록이 많지 않아 그저 많은 내용을 추측에 따를 뿐이다. 그 가운데에서 분명한 점이라면 옷은 그때나 지금이나 생활 속에서 중요한 부분을 차지하므로 시대에 맞추어 발전했을 것이라는 사실이다. 지금도 우리 생활에서 널리 이용하는 목면은 목화솜으로부터 얻고 있다. 기록을 보더라도 우리나라에 목화가 처음 들어온 것은 고려 시대 공민왕 13년(1364년)의 일로 문익점이 서장관(書狀官)으로 원나라에 갔다가 가지고 온 목화씨 열 알에서 비롯되었다. 문익점은 이 씨앗을 장인 정천익에게 주어 경남 산청군 단성면 사월리에서 처음으로 재배했다고 한다. 한 알의 씨앗이 싹을 터 10년도 못 되는 사이에 전국으로 퍼졌고, 조선 시대 태종 원년인 1400년에는 많은 백성들이 목화에서 얻어낸 무명옷을 입었다고 한다. 이렇게 짧은 시간 동안에 무명옷이 널리 퍼질 수 있었던 것은 무어라 해도 그 당시에는 목면을 이용할 수 있는 과학 기술이 뒷받침되었기 때문이라고 생각할 수 있다.

그렇다면 고려 이전인 삼국 시대와 고조선 시대에는 무명을 대신할 만한 옷감으로 어떤 것이 있었는가 하는 의문이 생긴다. 당시에 분명히 무명은 없었더라도 모시나 삼베 따위의 또 다른 식물성 섬유는 있었을 것이다. 또한 아주 오래전부터 옷감으로 이용해 온 비단을 생각할 수 있다. 당시에 생산하던 비단은 좋은 옷감이기는 하지만 많은 사람들이 널리 이용하기에는 너무나 귀하고 품이 많이 들어가는 것이었기에 아마도 일반 백성들은 가까이 하지 못하고 대신에 모시나 삼베 그리고 가죽으로 만든 옷을 주로 입었을 것이다. 그것은 생활 속에서 쉽게 구할 수 있는 재료를 가져다 삶에 필요한 옷을 지어 입었을 것이기 때문이다.

오랜 역사와 문화를 지니고 있는 우리나라에서는 옛날부터 가능한 여러 종류의 천연 섬유를 옷감으로 이용했을 것이다. 그러다 보니 예전 사람들은 옷을 입더라도 멋과 실용성을 생각하기보다는 우선 몸을 보호하는 기능을 먼저 생각했을 것이므로 동물의 가죽이나 털을 옷의 재료로 이용했을 것이다. 아직까지도 모피는 옷의 재료로 귀중하게 이용되기는 하지만, 요즈음에는 털을 모아 실을 만들고 다시 털실로 옷을 만드는 새로운 기술을 개발했다. 그렇다면 옛날에는 털실보다는 주로 식물성 천연 섬유를 이용한 옷을 만들어 입었거나 비단으로 옷을 만들어 입었을 것이라고 생각할 수 있다. 실제로 우리나라에서는 비단은 물론이고 모시, 삼, 무명 등으로 베를 짜서 옷감으로 사용했다.

우리 조상들을 오래전부터 터를 잡고 정착하여 살면서 농사를 짓는 생활을 했다. 따라서 옛사람들은 생활에 필요한 식량 작물은 물론이거니와 옷을 지어 입는 데에 필요한 섬유 작물을 재배하는 방법과 기술을 확립해 생활의 어려움을 극복했다. 그러기에 담장 너머로 펼쳐진 너른 들판에는 식량작물은 물론이거니와 형편에 맞게 섬유 작물까지도 재배하여 생활에 이용했다. 모시와 삼은 물론 목화까지 물이 충분하고 잘 빠지는 밭에 이러한 섬유 작물을 재배했다. 그러기에 꼭 들판이 아니더라도 개울가나 언덕빼기 밭에는 어김없이 이런저런 섬유 작물을 재배했다.

　이제 옛날부터 우리나라에서 옷감으로 널리 이용하던 비단과 모시, 삼베, 무명에 대한 특징을 간단히 살펴보자. 우리나라를 비롯한 동북아시아에는 뽕나무와 산누에가 자생하므로 오래전부터 누에(*Bombix mori*)와 뽕을 기르며 비단을 짰다. 누에는 뽕잎의 셀룰로오스를 소화하여 명주실을 토해내는데, 이 명주실로 짠 비단은 수천 년 동안 가장 고급스러운 옷감으로 여겨져 왔다. 명주실로 짠 견직물의 종류는 비교적 많은 편인데, 생고사, 은조사, 생노방, 항라 등이 있으며, 특히 겨울철 옷감으로 많이 이용하는 견직물로는 명주와 함께 단 종류로 공단, 양단, 구단, 모본단, 법단, 수단, 대화단 등의 이름도 들어보지도 못한 여러 종류의 비단들이 많다. 오늘날까지 금(錦), 사(紗), 라(羅), 능(綾), 단(緞) 등의 이름을 가진 견직물을 생산하고 있으며, 주(紬), 시(絁), 겸(縑) 등의 이름을 가진 평직물(날실과 씨실을 한 가닥씩 서로 섞어 짠 직물)을 짜 왔다. 이처럼 비단은 우리 조상들의 생활 속에서 한 축을 이루고 있었기에 우리 역사와 함께 전해 내려온 옷감이다. 또한 삼국 시대부터 조선 시대까지 조하주, 어아주, 면주, 토주, 명주 등의 여러 가지 이름을 가진 주를 만들었지만, 이 가운데 명주만이 오늘까지 전해 오고 있기에 많은 사람들이 잘 알고 있다.

　누에는 알에서 부화해 고치를 만들 때까지 40일 정도 걸리므로 잘 만하면 1년에 네 번까지 누에를 칠 수 있다. 그러기에 누에치는 시기를 중심으로 춘잠, 하잠, 초추잠, 만추잠이라 부르는데, 경우에 따라서는 만만추잠, 초동잠까지 합쳐서 1년에 여섯 번까지도 누에치기가 가능하다. 그렇지만 수확량은 무어라 해도 춘잠이 가장 좋다고 한다. 비단을 얻기까지는 누에고치로부터 실 내리기, 날기, 매기라는 과정을 거쳐 짜기로 들어간다.

베매기는 베를 짜는 과정에서 가장 중요한 작업 가운데 하나인데, 이때 사용하는 풀은 쌀풀에 소금을 알맞게 섞어 사용한다. 특별히 명주실에서는 우뭇가사리로 만든 풀을 많이 이용하는데 이 풀로 명주를 매면 실의 보푸라기가 실에 바짝 붙어서 실이 질기고 명주를 짤 때 바디에 쉽게 오르내릴 수 있기 때문이다. 여러 종류의 견직물 가운데에서도 명주는 가장 단아하고 섬세한 한국미(美)의 특성을 가진 직물이라 할 수 있다. 풀을 먹인 다음 다듬이질, 홍두깨질을 하면 명주의 독특하고 아름다운 얼룩무늬가 물결처럼 드러난다.

누에는 입으로 뽑아낸 명주실로 3일 만에 고치를 짓는데, 이들 고치에서 실을 뽑는 과정을 제사(製絲) 또는 실뽑기라 한다. 작은 솥에 물을 끓이고 20~25개 정도의 고치를 넣고 대나무 젓가락으로 저어준다. 이때 고치에서 실마리가 풀리면 잡아당겨 모아 쥐고 실을 뽑는다. 고치에서 나오는 실은 1,200~1,500미터에 이르는데 이것은 천연 섬유 가운데 가장 긴 섬유이다. 누에고치에서 실을 뽑을 때에는 고치를 따뜻한 물에 넣고 7~8가닥의 고치실을 모아 한 가닥의 비단실로 자아낸다. 이때 새로 바꾼 따뜻한 물에서는 고치실이 잘 풀리지 않지만, 따뜻한 물이 조금씩 더러워지면 점차 비단실이 잘 자아진다. 그 이유를 알아보았더니 조금 더러워진 물에서는 세리신(sericin) 분해 세균이 많이 번식해 고치실을 붙잡고 있는 단백질 성분의 물질을 분해하기 때문이었다. 비단실뿐만 아니라 대마나 모시풀 등의 식물성 섬유 원료에서 실을 뽑을 때에도 예전부터 이와 비슷한 방법으로 미생물을 처리해 섬유 교착 물질을 분해하거나 용해하는 방법을 찾아 실 뽑는 데에 이용했다.

우리나라는 고조선 시대부터 비단을 생산했다고 하는데, 서양에서는 동양에서 생산하는 비단을 흠모해 이른바 비단길(silk road)을 개척하고 비단을 구해 갔다. 물론 예전에는 비단을 생산하는 방법을 국가적인 비밀에 붙이고 공개하지 않았기에 생산 방법이 널리 알려지지 않았다. 그리고 비단은 소금이나 차 또는 인삼처럼 국가에서 전매품으로 정해 생산과 소비를 관장했기에 더욱 엄격히 비밀이 유지될 수 있었다. 지금 같아서는 누에나방의 고치에서 실을 뽑아 비단을 짜는 방법을 모두가 잘 알고 있지만 당시에는 그야말로 비단 생산은 첨단 산업과도 같았기 때문이었다.

우리는 비단을 짤 수 있는 실을 뽑으려면 누에나방이 알을 낳고 누에가 알에서 깨어 뽕잎을 먹고 자라서 만든 고치로부터 실을 뽑는다는 사실을 누에를 치면서 이미 오래전부터 경험을 통해 알고 있었다. 이렇게 누에치기와 비단 짜는 방법이 오래전부터 알려져 있기는 했지만, 비단 생산 방법이 일반화되기 이전에 문헌과 기록으로 자세히 설명되지 않았다. 그런 가운데 특이하게도 고려 시대를 대표하는 유물인 청자 주전자에서 누에나방과 누에의 모습을 한군데에서 찾아볼 수 있다. 청자 주전자의 뚜껑에 누에나방이 붙어 있고 손잡이에 누에가 꿈틀거리고 있다. 적어도 9세기부터 만들어진 청자에서 누에나방과 애벌레의 모습을 찾아볼 수 있다는 사실은 당시 사람들이 비단을 중요시했다는 것을 간접적으로 엿볼 수 있게 해 준다. 그러나 이 청자는 아쉽게도 미국으로 반출되어 지금은 뉴욕 박물관에 보관되어 있다.

비단의 역사가 아주 오래된 것이기는 하지만, 많은 사람들이 이용하는 옷감으로는 아무래도 무명을 첫손으로 꼽는다. 우리 민족을 일컬어 백의민족이라 부르는 것도 그만큼 흰색의 무명옷을 많이 입었기에 붙여진 별명이라 할 수 있다. 조선 시대에는 각 지방마다 밭에서 목화를 재배해 널리 이용했다. 목화씨는 뿌리기 전에 잠깐 오줌통에 담갔다가 꺼내어 아궁이 재를 묻힌 다음 햇볕에 잘 말렸다가 밭에 뿌렸다. 이렇게 하면 목화의 발아율도 좋고 튼튼하게 자랐기 때문이었다. 목화꽃이 피고 난 다음에 열매가 맺히는데 열매가 잘 익어 벌어지면서 탐스러운 솜이 함박눈처럼 열린다. 이전에 목화를 많이 재배하던 때에는 가을 들판에 목화가 눈처럼 하얗게 덮인 모습을 볼 수 있었다. 그러나 요즈음에는 목화가 어떻게 생긴 것인지 아는 사람도 별로 없어 화원에서는 관상용으로 화분에 심어 팔고 있다.

목화솜으로부터 옷감을 마련하는 일은 실을 뽑는 실잣기와 베를 짜는 베짜기로 구분한다. 무명을 만드는 경우를 예로 들어보면, 실잣기에는 씨앗기, 솜타기, 고치말기와 같은 준비 과정을 거친 다음에 물레를 사용해 고치에서 실을 뽑는 실잣기로 넘어간다. 물레는 문익점의 손자인 문래가 만들었다고 하여 붙인 이름이다. 실잣기가 끝나면 베뽑기, 베날기, 베매기의 과정을 거쳐 베짜기로 들어간다. 베를 짜기 위해 새(옷감의 날을 세는 단위)와 날실(세로로 놓인 실)의 길이를 결정해 실을 마름질하는 과정을 베날기라 한다. 한 필의 길이와 삼베의 승수에 따라 고무래의 구멍 10개를 통과해 나온 베실을 모아 날틀과 걸틀을 사용해 날실로 난다.

식물성 천연 섬유로 무명 이외에도 모시와 삼베가 있다. 모시는 모시풀로부터 만드는데, 모시풀은 쐐기풀과에 속하는 식물이다. 모시풀은 다년생으로 음력 정월쯤에 뿌리를 옮겨 심어 번식시킨다. 모시와 삼베는 무명의 경우와 달리 줄기 껍질을 가늘게 쪼개서 길게 실을 꼬아 베를 짠 것이다. 그래서 모시와 삼베는 구멍이 크고 따라서 바람이 잘 통하므로 우리나라에서는 여름 옷감으로 널리 이용하는 전통 직물이다. 특별히 우리나라는 기후 조건이 저마(苧麻)를 재배하기에 좋은 곳이며 베짜는 사람들의 솜씨가 섬세하여 좋은 베를 생산할 수 있었다. 이미 오래전 통일 신라 경순왕 때에는 30승(升=새, 옷감의 날을 세는 단위로 씨실과 날실의 밀도를 말하며 1새는 80올이다. 오늘날에는 12새가 최고 상품이다.)의 저삼단을 짜서 당나라에 보냈다는 기록도 있다.

 삼베로 만든 옷 가운데에서 한 가지 흥미로운 이야기가 있다. 많은 사람들이 생각하기로는 삼베로 만든 옷은 장례식에서 상주가 입는 옷이거나 망자에게 입히는 옷을 떠올린다. 그만큼 삼베는 옷감으로 거친 특징을 가져서인지 옛날부터 장례의식에 많이 이용되었다. 수의(壽衣)는 사람이 마지막 가는 길에 입는 특별한 옷을 말한다. 수의는 보통 옷과 달리 입고 벗고 할 필요가 없는 옷이다. 그래서 그런지 수의를 지을 때에는 매듭을 짓지 않는다고 한다. 옷감을 꿰매어 옷을 지을 때에는 실에 매듭을 지어야 옷감이 풀리지 않아 제대로 옷을 지을 수가 있다. 그런데 매듭을 짓지 않은 실로 옷감을 꿰맨다면 제대로 된 옷을 만들 수가 없는 일이다.

 이처럼 특별한 수의는 평생에 한 번만 입는 옷이니 입고 벗고 할 필요가 없는 것은 물론이고, 한번 입었다 하더라도 움직이지 않으니 옷이 흐트러질 염려를 하지 않아도 될 것이다. 그런가 하면 혹시라도 누가 옷을 잡아당기기라도 한다면 쉽게 풀어질 것이다. 그렇기 때문에 혼백이

육신을 떠나 다른 세계로 가더라도 쉽게 훌훌 털고 떠나갈 수 있도록 매듭을 짓지 않고 수의를 만든 것이라고 생각할 수도 있다. 어쨌든 수의는 아무 때나 준비하는 것이 아니라 윤달에 마련하는 것이었다.

한편 세계 인구의 4분의 1을 차지하고 있는 중국이 세계 무역 기구(WTO)에 가입하면서 중국 제품과 경합하는 우리나라의 경공업 제품은 상당한 타격을 입으리라 예상하고 있다. 경공업 제품 가운데 면, 마, 삼베, 견을 비롯한 천연 섬유 제품은 아마도 심각한 피해를 입을 수밖에 없다. 아무리 제품의 질을 우선으로 생각한다 하더라도, 값싸게 대량으로 공급할 수 있는 시장 경제 체제에서 우리나라의 천연 섬유 제품은 고전을 면하기 어려울 전망이다. 이러한 우려가 현실로 다가온 것이 있다면 바로 중국산 삼베로 만든 수의가 아닐까 생각한다. 경제성이 먼저인가 아니면 어른에 대한 예우가 먼저인가 고민하다가 국내산 삼베는 구하기조차 어려우므로 어쩔 수 없이 중국산을 이용한다는 것도 그럴듯한 설명이다.

우리나라의 천연 섬유 제품이 이러한 어려움을 극복하고 살아남는 방법을 찾아본다면, 제품의 고급화를 꾀하며 기계가 다룰 수 없을 정도로 우수한 수작업의 예술성을 앞세워 소량 다품종의 생산과 주문 제작 방법이 있기는 하다. 그렇지만 값싼 제품과 경쟁해야 한다는 어려움을 극복하기에 매우 어려울 것이라는 생각이 지배적이다. 그렇다면 또 다른 해결책을 찾아본다면 우리 문화를 바탕으로 우리만이 만들 수 있는 문화 상품을 개발하는 방법도 있을 것이다. 이를테면 전통적인 베 짜기 방법도 하나가 될 수 있고, 꼭 그것이 아니더라도 전통적인 염색 방법을 되살려 독특한 아름다움을 되살리는 것도 한 가지 방법이 될 수 있다. 그렇게 하기 위해서는 우리 스스로가 우리 문화에 대한 관심을 갖고 돌보아야 한다. 구식이라고만 생각하고 돌보지 않는 사이에 우리만이 가지고 있는 고유한 전통 문화는 그 맥이 끊어지고 점차 우리의 관심 밖으로 밀려나면서 결국에는 경제적으로나 문화적으로 돌이킬 수 없는 처지에 이르게 될 것이다. 문화도 생명력이 있기에 한번 쓰러지면 다시 일어나기가 무척이나 어렵다. 조금이라도 힘이 남아 있을 때에 북돋아 주는 지혜가 필요한 때이다.

책을 마치며

'온고지신(溫故知新)'이란 말이 있다. 옛것을 연구해 그로부터 새로운 지식이나 도리를 찾아내는 일을 뜻한다. 이와 비슷한 말로 '법고창신(法故創新)'이라는 말도 있다. 옛 것을 잘 살펴보고 새로움을 더하자는 일종의 자기 반성에 가까운 내용으로 이해해도 좋다. 어느 분야를 연구하더라도 이와 같은 마음가짐을 지켜야 더욱 새로운 발전을 기대할 수 있을 것이다. 특히 자연 과학 분야에서도 이전의 결과를 잘 살펴보아야 새로운 발전을 기대할 수 있다.

요즈음 우리 주위에는 과학이 어렵다고 생각하는 사람들이 아주 많다. 어린 학생들일수록 과학이 어렵다고 생각하기 때문에 아예 공부하는 것까지도 포기해버리는 경우도 볼 수 있다. 아마도 과학에 대한 이러한 생각은 학생들 스스로에게 문제가 있는 것만이 아니라 과학을 가르치는 사람들에게도 문제가 있고 더 나아가 사람들이 그렇게 생각하도록 만드는 환경 조건에도 원인이 있을 것이다. 그러기 때문에 어린이들에게 과학이란 쉽고도 필요하다는 생각을 불어넣을 수 있는 새로운 교육이 필요하다. 어쩌면 이러한 교육의 시작은 먼저 경험한 사람들이 자신의 경험담을 충분히 설명해 주는 데에서 찾아볼 수도 있을 것이다. 우리나라 과학계를 이끌어 가는 연구자를 포함하여 새로운 지식과 정보를 가르치는 학교는 물론이고 또한 과학 교육 담당자를 양성하는 기관 등의 과학 교육에 관계하는 모든 관계자들이 힘을 합해 노력하고 해결해야 할 문제이다.

힘들고 어려운 시절을 견뎌내면서도 여러 학문 분야에서 연구와 교육 경험을 쌓은 이른바 1세대 학자들이 더러 있다. 그리고 이들 1세대 학자들의 제자이면서 현장 교육 경험을 쌓은 1.5세대 또는 이들의 학문을 온전히 물려받아 현장에서 뛰고 있는 2세대 학자나 교육자들이 우리 주위에 많이 있다. 어려움 속에서도 학문의 길을 지켜온 이들이 자신의 경험담을 후배 학생들에게 들려줄 수 있다면 이보다 더 좋을 수가 없다. 누구나 자신의 경험담을 들려주는 것은 그만큼 설득력이 있는 교육이 될 수 있기 때문이다.

이를 위해서는 직접 얼굴을 맞대고 자신의 경험을 이야기하는 방법도 있지만, 이곳저곳 찾아다니면서 부지런히 강연을 한다고 해도 많은 사람들을 만나 이야기하는 것이 그리 쉽지만은 않다. 그러므로 자신의 경험을 글로 남기는 것이 더 많은 사람들에게 알려주는 좋은 방법이 될 수 있다. 그러기에 이들 1세대 또는 1.5세대에 해당되는 선배 학자들에게 자신만의 이야기를 여러 사람에게 들려주도록 책을 써 달라는 부탁을 해 보지만 정작 결과로 나오기가 쉽지는 않다. 이와 같은 생각이 있더라도 실제 행동으로 옮겨 결과가 나오기까지에는 많은 어려움이 있기 때문이다. 그래도 요즈음에는 자신의 경험을 토대로 책을 쓰려는 학자들이 더러 있기에 다행이라고 생각한다.

　많은 사람들이 어렵다고 생각하는 과학 분야에 대해서도 폭발적이지는 않더라도 각 분야에서 자신의 연구 결과를 일반인들에게 널리 알리기 위한 노력을 기울이는 젊은 학자들도 다소 찾아볼 수 있다. 일반인도 쉽게 이해할 수 있는 책은 일반인들이 쉽게 다가갈 수 있는 곳에서부터 시작하는 것이 좋다. 이를테면 옛날부터 오늘에 이르기까지 우리 생활 주변에서 흔히 볼 수 있는 의식주에 대한 문제는 빠뜨릴 수 없는 문제이다. 그러므로 의식주를 비롯한 생활 속에서 이루어지는 이야기에 주의를 기울이며 살펴보고 생각해 보면 그 속에 담겨 있는 의식과 정성을 느낄 수 있다. 이것이 지식과 정보로 연결될 때에 우리는 이들을 '생활의 지혜'라고 말한다. 생활의 지혜는 오랫동안 수많은 시행착오를 거치면서 관습으로 자리 잡게 되었다. 그러기에 관습의 밑바닥에는 모두가 과학과 기술의 원리가 녹아 들어 있다. 그리하여 생활의 지혜는 모두가 문화라는 큰 물줄기를 따라 흐르고 있다.

　우리가 살아가는 모든 조건을 문화라는 큰그릇에 담을 수 있지만, 그것이 우리에게는 너무나 커 보이기 때문에 언뜻 머릿속에 그럴듯한 모습으로 떠오르지 않을 뿐이다. 우리가 생활하는 데 필요한 자연적이며 인공적인 모든 환경을 비롯하여 우리의 생각과 행동 그리고 그러한 결과까지 모두 한데 어울려 문화를 이루고 있다. 그러므로 생활에 도움을 줄 수 있는 의식주의 여러 가지 지혜를 문화라는 틀 속에 포함시킬 수 있다. 비록 문화가 너무나도 크고 넓고 많기는 하지만, 그렇다고 문화가 터무니없이 어려워서 두려워할 것도 아니다. 생활을 이루는 조건에 대해서 조금만 곰곰이 따져보면서 정신적인 면과 물질적인 면으로 나누어 생각해 본다면 그런 대로 조금은 이해하기가 수월해진다.

우리 의식주 생활에 쓰이는 여러 가지 도구들이 물질적인 것이라 한다면, 삶에 대한 의식은 물론 가정과 사회를 이끌어 가는 도리와 가르침은 당연히 정신적인 몫으로 돌릴 수 있다. 우리의 삶에서 중요한 건강 문제도 문화와 마찬가지이다. 육체적인 건강은 물론 정신적인 건강의 두 가지가 있다는 것을 생각한다면 어느 한쪽으로만 치우치지 말고 양쪽 모두를 골고루 받아들이면서 삶에 유익한 방향으로 이끌어가야 한다. 그래야만 비로소 진정한 건강을 누릴 수 있을 뿐만 아니라 이를 바탕으로 건강한 사회를 유지할 수 있기 때문이다.

우리는 오래전부터 우리 생활에 필요한 모든 것들에 대해 아름다움과 정성을 모아 자그마한 것이라도 함부로 버리지 않고 필요할 때마다 요긴하게 이용했다. 그리하여 생활 속에서 작은 아름다움을 가꾸어 큰 즐거움을 이루어냈다. 그것은 돌이켜 생각해 보면 과학적인 지식의 축적이 되지만 모든 것들이 생활 속의 지혜로 모아져 나름대로의 제 모습을 차시하고 있다. 아무리 자그마한 것이라 하더라도 필요 없이 만들어진 것은 하나도 없다. 아궁이에 불을 지필 때에 쓰는 부지깽이도 필요한 것이기에 만들어져 부뚜막에 자리하고 있고, 옷을 만들고 남은 천 조각도 이어 놓으면 아름다운 조각보로 탈바꿈해 유용하게 쓰이며, 하찮아 보이는 푸성귀 하나라도 정성을 기울여 가꾸면 훌륭한 먹을거리가 된다. 이렇게 의식주에 필요한 크고 작은 것들이 갖추어지면서 우리 생활을 풍요롭게 만들고 여기에 깊이 생각하며 찾아낸 지혜까지 한데 어울려 멋들어진 생활 문화를 이루어 냈다.

자연의 일부로 존재하면서 그리고 또한 자연과 함께하는 삶을 통해서 자연스럽게 우러나오는 정서를 그대로 옮겨 놓은 아름다운 상징물이 바로 우리 마을과 집 그리고 그 속에 살고 있는 우리의 모습이다. 이처럼 우리 조상들이 간직한 아름다움에 대한 감각이 일상 생활에서 자연스럽게 상징적으로 드러난 예는 얼마든지 찾아볼 수 있다. 항상 자연의 이치와 함께하고자 했던 조상들의 생활 방식에서 자연의 움직임을 깨닫고 자연에 맞추어 살고자 한 여러 가지 노력과 그러한 생활 방식이 어쩌면 자연을 거스르지 않으면서도 자연을 이겨 낼 수 있었던 힘을 만들어 낸 것은 아닐까?

우리의 전통 생활에서 맛볼 수 있는 생활의 지혜는 결코 남의 것이 아니라 바로 우리 것이다. 그러기에 우리 생활 속에는 얼마든지 생각해 보면 새록새록 새로운 의미가 깃들어 있음을 느낄 수 있다. 그런데도 옛 것은 가치가 없고 새로운 것이 좋다는 생각으로 하찮게 여기고 거들떠보지도 않는 경향이 많다. 이러한 형편에 우리의 것을 찾아내고 가꾼다는 생각은 쉽게 찾아보기조차 어려워졌다. 그래서 우리의 집을 집이라 부르지 않고 초가집이나 기와집 또는 한옥(韓屋)으로 부르고, 우리 옷을 옷이라 하지 않고 한복(韓服)이라 하며, 우리 음식을 음식이라 하지 못하고 한식(韓食)이라고 부르고 있다.

요즈음 대부분의 사람들은 이러한 상황을 너무나 당연한 것처럼 받아들이고 있다. 거기에 덧붙여 어떤 이는 전통을 이야기하는 섯소차 고루하다고 생각하기도 한다. 그러다 보니 이제는 전통적인 집을 짓고자 하더라도 지을 수 있는 장인을 찾기도 어렵고 필요한 건축 자재를 구하기조차 쉽지가 않다. 이처럼 가엾은 신세로 바뀐 것은 물론 한옥에만 국한된 것이 아니다. 한복의 경우도 또한 마찬가지이고, 그래도 형편이

좀 낫다고 생각하는 한식도 자꾸만 밀려나는 형편이다. 이러다가는 정말 우리 의식주 문화의 원형이 사라져 버리는 것은 아닐까 하는 생각까지 들기도 한다.

최근에 이르러 우리 문화의 정체성을 확립하려는 의식이 높아지면서 일부이기는 하나 우리 것을 찾으려는 노력이 일고 있다. 그러나 안타깝게도 우리 생활의 조건들이 옛것을 되살리는 것보다도 새로운 변화를 받아들이는 방향으로 더욱 빠르게 나아가고 있다. 마을에서 도시로 생활의 중심이 변화하면서 의식주의 여러 가지 조건들이 경제 논리에 따라 단순화, 획일화, 대형화하고 있다. 더구나 보존보다는 개발이 힘을 얻으면서 우리 생활에서 멋과 여유가 점차 줄어들고 생각하는 시간이 짧아지며 더욱 바쁘게 움직이는 생활로 빠져들고 있다.

시간이 흐를수록 더욱 발전하는 도시에서 살아가야 하는 것이 우리의 숙명처럼 느껴진다. 어쩔 수 없이 도시화의 물결에 휩쓸려 살아야 한다면, 그 가운데에서 어떤 방법으로든지 생활의 즐거움을 찾아내는 것이 바로 우리가 풀어야 할 과제이다. 오래전부터 우리 생활에 중심이 되는 의식주에 녹아 있는 생활의 지혜를 찾아보려는 생각이 머릿속에 맴돌고 있었다. 자연과 생명을 대상으로 과학적인 지식을 찾는 가운데 사람들의 생활 속에 깃들어 있는 지혜를 살펴보는 것도 의의가 있다고 생각했다. 그렇지만 그러한 작업은 분명 쉬운 일은 아니다.

도시에서의 생활은 많은 사람들이 함께 살아야 하므로 더더욱 자연과 환경을 사랑하는 생활 방법으로 개선해야 하는 것은 당연한 일이다. 그나마 조금이라도 다행으로 생각하는 것은 나들이옷은 물론 평상복으로도 생활 한복을 입는 사람들의 숫자가 점점 늘고 있다는 점이다.

그리고 건강을 위해서도 채식을 위주로 하는 우리 음식(韓食)이 서양 음식과 어울려 퓨전이라는 새로운 모습으로 떠오르고 있기 때문이다. 또한 집을 지을 때에도 나무와 흙과 돌을 비롯한 자연 소재를 많이 사용하고 쓰레기가 생기지 않도록 재활용할 수 있는 소재를 사용하는 방법을 찾아내고 있다.

이렇게 우리가 지켜 왔던 생활의 모습 가운데에는 오늘에 되살릴 수 있는 지혜가 얼마든지 들어 있다. 우리가 입는 옷에서도 쉽게 사라지지 않는 실용성과 소박미를 되살리고, 우리 음식이 갖추고 있는 깊은 맛을 결코 버릴 수 없는 것이다. 그래도 아쉬운 것은 집이나 옷과 음식에서 우리 것에 대한 장점을 되살리는 시간과 노력에 앞서 더욱 빠른 속도로 남의 것을 모방하고 즐기는 방향으로 변화하고 있다는 점이다. 이제까지 우리 생활을 이루고 있는 모든 분야에서 나타난 것처럼 생활의 지혜를 찾아내어 우리의 몸과 정신에 알맞은 우리 생활의 모습을 새롭게 정립할 필요가 있다.

의식주를 중심으로 숨어 있는 지혜를 살펴보고자 한 것이 처음부터의 희망이었지만, 관련되는 것들이 하도 많아서 어느 한 분야도 제대로 살펴보지 못하고 겉모습만 훑어본 것처럼 느껴진다. 문화라는 것이 분야가 하도 넓고 사람에 따라 모두 달리 생각할 수 있는데, 이들에 대한 전문 지식도 부족하고 과문한 탓에 어느 것을 둘러보더라도 아쉬운 마음만 남는다. 더군다나 어느 한 분야를 제대로 살펴보기 위해서라도 충분한 자료를 갖추어야 함에도 그러지 못했고, 글을 쓰는 것보다도 더욱 어려운 작업이 적절한 사진을 마련하는 것이라는 사실을 뒤늦게나마 깨달을 수 있었다. 부족한 기술로 이곳저곳 찾아다니며 사진을 찍는 노력을 기울여 보았지만, 마음에 드는 자료는 쉽게 얻어지지 않았다. 할 수 없이 부족한 자료는 많은 분들의 도움을 얻어 책에 이용했다. 이 자리를 빌려 이 책을 펴내는 데 많은 도움을 주신 분들에게 감사의 마음을 전한다.

더욱이 이 책은 2007년도 경북 대학교 학술 진흥 연구비(KNURF) 저술 장려 연구비의 지원으로 출간되었음을 밝히며, 이 자리를 빌려 지원에 감사한다. 아마도 경북 대학교에서는 우리 생활 속에서 찾아볼 수 있는 삶의 지혜를 과학적으로 설명하려는 시도를 좋게 보아 지원했다고 생각하며 또한 과학과 인문학을 조금씩 합쳐 보려는 시도를 바람직하다고 보아 준 것으로 생각한다. 아울러 이 책에 이용한 자료를 준비하는 동안에 시간적·공간적으로 구하기 어려운 사진을 찍도록 허락해 준 고미술을 애호하는 소장가에게 감사하며, 오랜 기간 내용을 가다듬으며 이 책이 나오도록 도와준 ㈜사이언스북스의 편집부 여러분께 진심으로 감사를 드린다.

2009년 정월에

더 읽을거리

> 생활의 지혜는 어느 한 사람이 마음먹고 만들어 낸 것도 아니고, 어떤 사람이 다른 곳에서 가져온 것도 아니며 또한 다른 사람들이 강요해서 남아 있는 것도 아니다. 모두가 한 마음으로 같이 생각하면서 함께 쓰고 나누는 가운데 생활 속에 자리 잡은 것이다. 이처럼 생활의 지혜는 어느 한 사람의 소유가 아니므로 여러 사람들이 함께 나누어 가질 수 있는 것처럼, 쓰면 쓸수록 그리고 나누면 나눌수록 그 지혜는 더 커질 수밖에 없다.

오랜 시간 생활 속에서 우러나오는 아름다움을 찾아보고자 이곳저곳을 기웃거리다 보니 여러 가지 재미나는 이야기들이 조금씩 모이는 즐거움도 맛보았다. 또한 우리 생활을 풍성하게 만들어 주는 멋과 아름다움은 과학 지식과 정보를 통해 새로운 의미를 더할 수 있다는 것도 알았다. 그리고 다른 사람들이 쓴 책 속에서 여러 가지 생활의 지혜를 살펴보는 재미도 느껴 보았다. 아래에 뽑아놓은 책들은 나름대로 재미나게 읽었던 것인데, 읽는 사람에 따라 재미와 해석은 차이가 날 수밖에 없다. 누구라도 아래에 적은 책들을 더 읽어보고 이 책에서 빠진 것이나 부족한 부분을 보충할 수 있거나 또 다른 재미와 아름다움을 느낄 수 있다면 「더 읽을거리」의 목록은 제몫을 다한 것이라 생각한다.

김진애, 『이 집은 누구인가』 (샘터, 2006)

문화재연구회, 『중요 무형문화재 4 공예기술 I』 (대원사, 1999)

문화재연구회, 『중요 무형문화재 5 공예기술 II』 (대원사, 1999)

박선주, 『하늘 아래 기와집을 거닐다』 (다른세상, 2006)

발레리 줄레조·길혜연, 『아파트 공화국』 (후마니타스, 2007)

새로운 한옥을 위한 건축인 모임, 『한옥에 살어리랏다』 (돌베개, 2007)

서윤영, 『세상에서 가장 아름다운 집』 (궁리, 2003)

신영훈·김대벽 사진, 『한옥의 고향』 (대원사, 2000)

신영훈, 『한옥의 조형의식』 (대원사, 2001)

신응수, 『천년 궁궐을 짓는다』 (김영사, 2008)

안휘준, 『완당평전』 (학고재, 2002)

윤구병, 『잡초는 없다』 (보리, 1998)

이도원, 『한국의 전통생태학』 (사이언스북스, 2004)

이영미, 『팔방미인 이영미의 참하고 소박한 우리 밥상 이야기』 (황금가지, 2006)

이용한, 『장이』 (실천문학사, 2001)

이용한, 『솜씨 마을 솜씨 기행』 (실천문학사, 2004)

이지누, 『이지누의 집 이야기』 (삼인, 2006)

임석재, 『우리 옛 건축과 서양 건축의 만남』 (대원사, 1999)

장택희, 『살림의 논리』 (녹색평론사, 2000)

전문희, 『지리산에서 보낸 산야초 이야기』 (화남, 2003)

정동찬 외, 『겨레과학인 우리공예』 (민속원, 1999)

주남철, 『한국의 문과 창호』 (대원사, 2001)

주영하, 『음식전쟁 문화전쟁』 (사계절, 2000)

주영하, 『그림 속의 음식, 음식 속의 역사』 (사계절, 2005)

최성자, 『한국의 멋 맛 소리』 (혜안, 1995)

최준식, 『한국인에게 밥은 무엇인가』 (휴머니스트, 2004)

페니 르 쿠터·곽주영, 강모림 그림, 『역사를 바꾼 17가지 화학 이야기』 (사이언스북스, 2007)

허균·이갑철 사진, 『한국의 정원: 선비가 거닐던 세계』 (다른세상, 2002)

찾아보기

가랍집 22
간장 160~166
갈옷 205~207
개자리 93
거풍 154
경상 82
고샅길 40, 42
고초균 162
고추장 166
광합성 154
괴목 33~35
구들 98
국균 166
궤목 34
규목 32
규장각 7
기와집 38, 43, 60~61, 65, 70~71, 74, 134, 231
길항 156
김장 168~176
꽃담 37~39

낙안재 38
낙안읍성 43
낟가리 57, 138
날염 203
내외 문화 79
놋그릇 180
농가삼보 74
누마루 56
누에 220~221

낮인마루 21, 32, 33
대청마루 52~53, 56~57, 85, 135, 192
도롱이 11
독락당 108
돌담 37, 52~53
동구 21
동구나무 35
두레 10, 25

두엄더미 12
뒤란 45, 52
뒷간 124, 128, 130

마당 105~115
마르셀 비누 197
마을숲 20~21, 24~25, 29, 49,
망태 11
매화나무 46, 63, 111
멍석 11
명주실 220
모시 223~224
목화 218
문방사우 82
문익점 218, 223
문지방 101
물레 223
미생물 5, 55, 100, 124, 128~129, 148~162, 170~174, 182~184, 193, 199~200, 211, 222
민가 22, 42

미하일리아 38
반가 22, 42
반자 57
반짇고리 55
반촌 42
발효 124, 131~132, 149~152, 166, 170~176, 180
백의민족 201
베매기 221
봉당 98, 121~122
부넘이 93
부뚜막 93, 101, 230
불목 93
비누화 반응 198~199
비단 220~224
비단길 222
비보 47
비원 109

238 담장 속의 과학

사랑채 64, 78~86
삼다도 52
삼베 223~224
삼태기 11
생태맹 142
서까래 57, 72~73
서안 55, 82
석빙고 181
성황나무 35
세한삼우 63
소독 157
소쇄원 108
속옷 207~216
수의 224~225
신토불이 운동 175
실잣기 223

아궁이 12, 13, 100~101, 223
아자방 95
아파트 38, 49, 56, 60~61, 96, 99, 102, 104, 116~117, 122, 134~143
양동마을 43
양옥집 60~61
양잿물 195
염색 201~207
온돌 88~96
외암마을 43, 70
용목 34
운조루 79
움집 50, 88~89
윌슨, 에드워드 28
유산균 162, 168, 170~175
유화제 199
은그릇 180
음택풍수 28
이엉 11, 57, 71
『임원경제지』 27

자외주의 8, 73
자외선 155
잠방이 204
장갱 89
장독대 101, 110, 121, 155, 166
장빙 제도 181
장판지 77, 95
잿물 12, 194~197, 202
전통 보온 밥통 185~187
전통 생태학 48
정자나무 35~36, 110

조왕신 102
종다래끼 11
질그릇 179
집현전 7
징검다리 20
짚가리 11
쪽마루 56, 119

창호지 76~77
천판 82, 84
초가집 11, 38, 43, 60~61, 65, 70~74, 134, 231
초산균 149
추사고택 20, 61~68, 70, 81, 83~87, 115
침염 203

감사의 신 162

타닌 162
『택리지』 27
텃밭 114~118
토장 179
통풍성 51
툇마루 56, 119

펙틴 172
풍수지리 27, 112
플리니우스 197

하회마을 43, 95
한옥 61, 121, 139, 231
한옥 보호 지구 139
항균 156
항아리 165~166
해우소 125
행랑채 80, 106
헛간 12, 124, 129, 138,
황토방 96
효모 171
후원 109
흙벽 54
흙집 54
흙침대 96

담장 속의 과학

과학자의 눈으로 본 한국인의 의식주

1판 1쇄 펴냄 2009년 3월 10일
1판 10쇄 펴냄 2020년 8월 4일

지은이 · 이재열
펴낸이 · 박상준
펴낸곳 · (주)사이언스북스

출판등록 1997. 3. 24.(제16-1444호)
(06027) 서울특별시 강남구 도산대로1길 62
대표전화 02-515-2000, 팩시밀리 02-515-2007
편집부 02-517-4263, 팩시밀리 02-514-2329
www.sciencebooks.co.kr

ⓒ 이재열, 2009. Printed in Seoul, Korea.

ISBN 978-89-8371-028-4 03400